在阅读中疗愈·在疗愈中成长

READING & HEALING & GROWING

全新修订本

你值得过更好的生活 2

Busting Loose from the
Business Game:

Mind-blowing Strategies for Recreating
Yourself, Your Team, Your Customers, Your
Business, and Everything in Between

［美］罗伯特·沙因费尔德（Robert Scheinfeld）著

李彦 译

中国青年出版社

目 录

001　　　前言

001　　　导言
019　　　第一章　　大谎言
035　　　第二章　　大真相
057　　　第三章　　幻想工厂
069　　　第四章　　抛锚
081　　　第五章　　小说物理学
096　　　第六章　　两个"P"
112　　　第七章　　力量的许多面孔
123　　　第八章　　因果律的神话
131　　　第九章　　生意本质的再界定
146　　　第十章　　太阳和乌云的效应
161　　　第十一章　　组装钻头——第一部分
180　　　第十二章　　组装钻头——第二部分
213　　　第十三章　　陌生土地上的陌生人
250　　　第十四章　　当事情变得艰难时

260	第十五章　重新创造
304	第十六章　红药丸还是蓝药丸?
321	附录　附加的支持资源
329	致谢
333	译后记　往里走,找到"真正的你"
337	作者简介

前言

罗伯特·沙因费尔德在这本书里把经商商业称作一种"游戏",我完全同意他的这一观点。我一直觉得以这种观点,而不是以其他常见的更为严肃的许多观点来看待经商商业,他的这一视角可以给人赋能,并让人感到自由。

我一直喜欢这种"商业游戏"。事实上,我如今还能想起我第一次意识到自己对经商商业产生热情时的情形。我刚19岁时,就做了一名房地产代理商。和办公室里其他同事的激烈竞争促使我努力学习,最后我终于在产品销售和市场营销方面取得出类拔萃的成绩。我也喜欢这样一个事实:我可以获得与自己的付出成正比的报酬,并且不需要有人告诉我去做什么。基本情况是,我还很年轻时就从做生意当中认识到,我必须努力活下去,要不就会由于自己的原因而一败涂地。

虽说我很喜欢这种"商业游戏",但我必须承认,经商商业是个很难玩好的游戏。因为有许多变动不居的因素,你必须去选择并进行综合考虑；有许多种力量会触碰到你的底线，你对它们似乎无能为力；有许多的销售、市场营销、管理以及财政方面的策略，需要你去研发、改善并使之最优化。我确信你是了解这种状况的。

我了解这些，是因为我有亲身体验和感受。在过去22年里，我靠自己创办了——并经营着——4家营业额达数百万美元的公司。我作为万考驰公司的创始人，曾帮助数千个小企业主增加了收入和利润，并且使他们的企业保持成长。

你也喜欢玩这种"商业游戏"吗？我猜你是喜欢的。但我问你两个问题：

1. 你玩这种"商业游戏"的体验和感受最近有没有改变？
2. 你想要找到另一种玩法的愿望（需要）是不是达到了狂热的程度？

你对于以上两个问题的回答，我猜还是肯定的。否则，这本书不会出现在你的面前。

让我们稍微审视一下游戏的概念。游戏的最迷人之处在于，同样一个游戏，可以有许多大相径庭的玩法。

就以橄榄球为例来说吧。你可以参加"触摸式"橄榄球赛、"挥旗式"橄榄球赛、"场地式"橄榄球赛，或"全接触式"橄榄球赛。这些玩法基本上是同一种游戏——橄榄球，但在比赛规则上却有很大差异，而球员的实际体验和感受也大为不同。

再以棒球赛为例。你可以玩T形球、软球或硬球。同样，球还是同一种球，但规则发生了变化，而球员的实际体验和感受也会发生很大的变化。

再拿网球来说吧。你可以玩单人赛或双人赛。但选择不同，你得到的体验和感受也会有很大的不同。

最后再以篮球为例。你可以打半场、全场、一对一、二对二、三对三、四对四，或五对五的篮球赛。它们还是同一种球，但规则差异很大，而球员的实际体验和感受也有很大不同。

上述游戏或同一种游戏规则的变化，没有优劣之分，尽管我们在参赛或观赛时有自己的偏好。它们只是我们可以从中选择的不同选项和可能。

"商业游戏"也是这样，可以根据不同的游戏规则来玩同一种基本的游戏，而参与者在实际体验和感受中的差异也会很大。在这本书里，罗伯特·沙因费尔德邀请你以迥然不同的方式来看待"商业游戏"。

罗伯特在本书正文中描绘的图画也许会给你带来惊喜、欢乐和兴奋，也可能使你感到震惊，给你带来干扰，或者让你觉得似乎疯狂或难以置信。不管你的反应如何（初读此书或是读到后面时），这本书将使我们大开眼界，看到许多新的可能。这本书将给你带来有力的挑战，拓展你的能力，并为你开启崭新的机遇之门。

如果你愿意按照你在这本书里的发现来采取行动，并以罗伯特为榜样，身体力行的话，你一定会体验和感受到以下五种结果：

1. 你玩"商业游戏"所获得的快乐将会倍增。

2. 你所承受的压力将会大大减小。

3. 你将会看到你所在团队里的每个成员都有了很大改变，不论是在对你的努力给予支持的那些销售方身上，还是在你和他们的交往当中。

4. 你终将实现的"（把钱）带到银行去"的结果，将以戏剧化的、意想不到的方式得以扩大。

5. 你的个人生活也将受到影响，并得到拓展——包括人际关系、精力水平、健康状况，还有（也许是最重要的）你生活中体验和感受的欢乐、宁静、从容。

我很了解罗伯特。在他做出本书所描述的发现和突破前，我就认定他是我所认识的最聪明、最有才、最有创造力的企业家之一。不仅如此，我看到自从他彻底摆脱了传统的"商业游戏"，并开始玩他称为的"新商业游戏"后，所发生的变化真的很不一般。

在你准备展卷阅读本书之际，我请你做一次深呼吸，系好你的安全带，为一次永远改变你的旅程做好准备！

——约翰·阿萨拉夫

《纽约时报》畅销书《答案》的作者

www.OneCoach.com

www.JohnAssaraf.comvv

导 言

系列一：为的是毫不留情地、寸步不让地摧毁那些在读者思想感情里经过数百年、根深蒂固的对于世间万事的看法和观点。

系列二：为的是使读者熟悉用以创新并证明其可靠性和高质量的那些材料。

系列三：为的是帮助读者在思想感情里对于现实中存在的世界，而不是他当下所感知的虚幻世界，进行非幻想的、能够证实的表现。①

——G. I. 古德耶夫谈及他创作《一切及万事》
系列图书的意图

我三十来岁时，住在一座城市里，城市的名字我这里就不说了。在那里，我从一家银行买了一所房子，房主的赎回权已被银行取消了。那位房主曾是那个城市职业橄榄球队里一个名气很大、有野心、能挣大钱的四分卫。可当时他已经破产了。我搬进那所房子,跟邻居们慢慢混熟后,他们向我讲了这个四分卫的故事。由于打橄榄球,这个四分卫身上曾落下严重的伤,疼得厉害时,他甚至有些早晨不能从二楼的卧室走下楼梯,于是只得一整天躺在床上。

这个四分卫从小时候就开始打橄榄球,这是他热爱的比赛项目,上中学和大学时一直在打,后来就成了职业球员。他从中获得了许多乐趣,也拿过冠军,获得过许多荣誉,并且挣了不少钱。但后来他却为此付出了巨大的代价,身体落下了病痛,活动也不自如。或许他早就料到了这个结果,所以对此安之若素,但也可能是他打球那么多年,却从未认真想过将来有一天会为此付出代价。他只是在一门心思地打球!

如果你像我一样,你一定喜欢参与"商业游戏",不管你是老板还是员工。"商业游戏"能在深层次上给你带来挑战,令你兴奋,让你欢喜。它甚至可能成为你生活中最喜欢的事情之一。但如果你像我过去一样,并且也像我刚说的那个四分卫一样,你就总得付出代价———一个你看得见、觉得到的代价(若你按人家教你的方式来玩的话),我称之为"有形的代价"。

也许此刻你正在付出"有形的代价"并且已认识到了。也许多年来你一直在付出"有形的代价",这一点自己也知道。也许将来你会以一种令人吃惊的方式付出"有形的代价"。"有形的代价"有可能是情绪上的,表现为心气不足、压力大、恐惧、愤怒或挫败感等负面情绪；也可能是身体上的，表现为疲惫不堪、身体疼痛或生病。你付出这个代价的方式可能是没有充分的自由时间，人际关系遭遇麻烦，或是生意上时好时坏、沉浮不定（在破产前这对我可是件大事）。

你会在何时何地、以何种方式去付出"有形的代价"，这并不确定。但"有形的代价"你却必须得付出，而且还得继续以某种方式付出（如果你继续以人家教你的方式，或是以你一直以来的方式进行"商业游戏"的话，我称之为"大谎言"，这将在第一章里讨论）。

我刚说的事情你肯定不会觉得惊奇。许多专家、作家、演说家、咨询师及教练员已经议论过那些最常见的、参与"商业游戏"所需付出的代价，他们还讨论了平衡身心的需要、如何减缓压力，以及换一种方式进行游戏等问题。还有人提出许多方案、技巧和策略来修复这些损害。但很少有人（如果有的话）在最终意义上，可以有所作为——你很快就会在这本书里看到原因。

我也得说说以旧有的方式进行"商业游戏"会付出的，看不到、感受不到的代价，我称之为"无形的代价"。你在生活中付出的"无形的代价"，其影响（我将在后面的章节里解释）甚至比那看得见、觉得到且你兴许已在体验和感受的"有形的代价"还要大。只是这"无形的代价"鲜有人讨论。

起初你是出于具体的原因、抱着具体的目标开始参与"商业游戏"的。我把这些目标分为两类,将在下文详述。

1. "真实的目标"。这些目标是指那些一般情况下你既想不到也看不到的目标。一旦你达到这些目标,你就会不断地获得深层次上的满足感、成就感,还有欢乐和高兴的感觉。我称"真实的目标"为你真正想要实现的目标。"真实的目标"并不随你和你的处境的改变而改变。它们是个常数,因为它们跟"真正的你"有关,而与"你所认为的自己"无关。

2. "虚幻的目标"。这些目标是指那些总是明显对你有着巨大吸引力、耗费你很多注意力的目标。你努力去实现这些目标,想着只要是努力了,你的生活将会在大的方面得到改善。"虚幻的目标"得以实现的常见例子是销售额、利润以及个人收入的增加,还有就是买了新房、换了新车。我称"虚幻的目标"为你认为你想要的。"虚幻的目标"经常会随你和你的处境的改变而改变。"真实的目标"偶尔会进入你的意识,好像"虚幻的目标",但从我的体验和感受来看,这种情况很少发生。

不管你的个人体验和感受是怎样的,有三件事情对你而言是"真实"的:

1. 在你追求"虚幻的目标"时,虽然投入了许多时间、金钱和精力,但许多这样的目标你并未实现。

2. 在实现"虚幻的目标"以后,其中一些(如果不是全部的话)并没有带来你所认为它们能够带来的终极的满足、欢乐和高兴。或者那些感觉并不持久(如果你真的体验和感受过它们的话）。

3. 你并未实现许多（如果有的话）你的"真实的目标"。

在这里的《导言》部分和随后的第一章里，我描绘"商业游戏"这幅图画的黑暗面时，有意显得咄咄逼人、毫不留情。在描绘这幅图画时，我意识到这有可能让你感到不舒心，甚至产生抵触情绪。我意识到你在心里也许会这样说来应答我的话："当然了，'商业游戏'很难玩，但我的体验和感受与你所描绘的图景并不一致。我的处境没那么凄凉、那么沮丧。"如果我真的能在你心里引起那样的思想或感情（也许我不会），我请你稍微宽容一些，因为下面我要为我的观点提供证明和合理的依据。

我写这本书，目的不是使你更好地、更快地、更有效率地玩以前那种"商业游戏"，也不是支持你追求你本来就有的那个"虚幻的目标"，如扩大生意、增加收入、积累财富、在更为奢侈的环境当中生活和工作、增加自尊或声名远播等。

我也不打算在这本书里给你提供任何有关产品销售、市场营销、经营管理、领导艺术、理财之道或"商业游戏"话题以内的其他任何方面的建议。

如书名所表明的，这本书的目的是让你彻底摆脱以前那种"商业游戏"，然后开始玩一种能给你带来惊喜的、全新的游戏。

这里你也许会问："彻底摆脱'商业游戏'是什么意思？"稍后我会在本书中详细解答这一问题，但现在，让我粗略介绍下面几个重点，其中一些或全部，在我们整个游戏旅程的这个阶段，其可能性你也许很难接受。从"商业游戏"中彻底解脱意味着：

• 置身于一种令人快乐、让人兴奋、宁静而安谧的内在空间，不管周围发生了什么，也不管你的生意或世界上其他地方发生了什么，也不管别人说了什么或做了什么。

• 纯粹为了快乐而去玩"商业游戏"，不带有任何具体的、有意识的计划、目标，或是实现某个具体结果的执着——然而你总会创造出非凡的结果，无论是金钱上的，还是其他方面的。

• 通过产品和服务的分配，给客户——尽可能也给世界——以有力的、积极的影响。但是，我再强调一次，做到这一点不再需要任何努力，不再需要具体的意图、目标或计划。

• 每天只做你真正热爱的事，那些让你享受的事，并把这样做当作玩"商业游戏"的一部分。其他一切事情，留给别人去做，或者干脆打消做其他事情的念头。

• 只在你想要工作的时候才去工作，享受比你现在所能想象的更多的闲暇和自由，与此同时，出色地扮演你在生意中所选择的角色——不论你的生意是大还是小。

• 玩"商业游戏"，既不关心也不受以下因素的影响：经济形势、股市行情、油价上涨、竞争对手、员工流动、行业潮流、技术革新、法律诉讼，以及那些使你感到无助的因素。

• 让支持你的团队（包括员工、生意伙伴、董事会成员、房地产主、股东、投资商,等等)快快乐乐地、毫不费力地团结起来,一起工作,自我鼓劲,让他们自己去实现高水平的业绩。

• 让不可思议的事情以令人高兴、快乐、惊喜却又毫不费力的方式来到你的面前。而不是你必须去努力获得它们,努力工作去推动事情的发生。

• 还有更多内容,我将在下文与你分享。

一次令人惊异的旅程使我彻底摆脱了"商业游戏",那次旅程是从我还是一个孩子的时候和我的祖父阿龙·沙因费尔德(我管他叫"老爷爷")的一次谈话开始的。祖父特有才,是个文艺复兴时期全才式的人物。在他的诸多非凡本领和成就当中,有两样在我脑海里特别突出。

1. 他把一个简单的想法变成了世界上最大、最成功的跨国公司之一——万宝盛华公司,它现已进入《财富》杂志评选的世界150强,并且是世界最大的人力资源服务商,公司销售额达180多亿美元。他在全球范围内所取得的成功使得他有可能享有多数人(甚至特别成功的人)会艳羡不已的财富和自由。下文我将给你讲更多有关我祖父的故事。

2. 他是我所知道的最快乐的人。在我脑海里我仍然看得到、感受得到他的快乐,尤其是他边唱歌边弹钢琴或尤克里里琴,或者讲好笑的故事时。

我12岁时,经常缠着祖父,让他给我讲他成功的秘诀,于是他开始跟我聊起一种不寻常的哲学——其实是一种心态,还有一套策略。这套策略跟他称之为"无形世界里的力量"有关。他认为这种力量是他所有商业上的成功、他的幸福及他的生活方式的真正来源。在我以前所著的书里面,我讨论过他跟我说过的一些道理(还有我随后研究的发现)。这些书是:《第十一项要素》(约翰·威利父子出版公司,2003年)和《你值得过更好的生活》(约翰·威利父子出版公司,2006年)。

祖父在我们开始谈论成功秘诀后不久就去世了,在他没有完成对我的指引之前。他跟我分享的东西,成为了对我的终极诱惑,因为我在心里执意要找到他跟我说的无形的力量源泉。34年来我都执着于此,我现在称之为"百年寻宝"。我追寻那宝贵的思想,并最后发现了它,自己也彻底摆脱了"商业游戏"。从比喻的意义上来说,在追寻无形的力量源泉的过程中,我曾跟跟跄跄地跌入流沙,驾车出行时遭遇爆胎、汽油耗尽,看到我的散热器(水箱)都烧干了。多次开车到了路尽头,车子歪歪斜斜地驶过悬崖。还曾迷过路,困惑过,也由于自己走了许多弯路而特别泄气。

阿龙·沙因费尔德

一路上我玩着以前的"商业游戏"，为我自己，也为别人，有时在网上，有时不利用网络，我创建了利润丰厚的、营业额达数百万美元的公司。我玩以前的"商业游戏"取得的最大成就之一就是建立并运营了一个市场营销"机器"，推动"蓝海"软件公司销售额的增长，在不到四年时间里，从100万美元飙升到4400万美元。该公司还三次跻身《企业杂志》评出的世界500强公司名录。"蓝海"软件公司的迅速成长，加上其在互联网迅猛发展、新技术常遭淘汰时期的惊人盈利能力，最终使得软件业巨头英图特公司，以1.77亿美元现金将其并购。

在彻底摆脱"商业游戏"前，我不断重复着一种起起伏伏的怪圈，这使我感到非常沮丧和愤怒。在我经历最初几次失败时，我损失的数额还比较小，当时我还是单身。失去一切的感觉是极其痛苦的，但我还承受得住这样的痛苦。随着我的年龄增长，这个循环不断持续，我损失的数额变得越来越大。

最后，这个怪圈变成了数百万美元，接着又是数千万美元的收入，这时候，我已娶了妻子，并且有了两个孩子。我们缔造了自己的家，拥有了自己的生活方式，我们都喜欢在此基础上好好生活下去。如果这时候我再次体验和感受以前那样的失败，我知道那种失败带来的痛苦将是我无法忍受的，因为我将不得不看着我的家人也失去一切。尽管我以前不会让自己轻易感到痛苦，但我知道这样的体验和感受我再也承受不起了，于是，我就不顾一切地想办法，以避免再次遭到失败。

顺便说一下，就当是几句题外话吧。我的父亲（阿龙的儿子）也走过了一条相似的人生道路。尽管他起初在万宝盛华公司工作时也取得了很大的成功，但不论在事业上，还是在生活上，他都体验和感受了盛衰起落。这其中包括两次都以离婚告终的无常婚姻。那时候父亲感到特别压抑、特别沮丧，于是落下了经常头疼的毛病。疼起来的时候，比偏头痛还厉害。我的卧室和父亲的卧室只有一墙之隔，许多年里，他头痛发作时的惨叫，在我听来纯粹是一种折磨。

有几次，当我生意见好时，我想我终于找到了能使我触摸祖父所说的无形的力量源泉的最后几块"拼图"。那时，我真的觉得自己看到了关于如何从"商业游戏"中彻底解脱的一幅清晰、完整的大图景。但生意走下坡路的情形又会出现，而在这样的时候我将不得不——如老话说——老老实实从头再来。

你在下文当中会发现，并且你在自己的体验和研究中已经有所了解，我一直有这样一种看法，就是我们每个人的意识中都有一个拓展了的方面和我们做伴，创造着我们对于日常生活的体验和感受。关于你的那一部分，我将在下文详细讨论。在我所熟悉的文献当中，意识中拓展了的那个方面，通常被称为"更高的自我"，但也有许多其他的说法。现在我称之为"大我"，或是"真正的你"，往下读你很快就会知道。

我在身家数百万美元的时候，觉得我似乎和我的妻子及家人要再次经受身心崩溃、焦头烂额的失败。这时候，对于"大我"，我比以往任何时候都更生气。"看，"我对他说，眼睛斜睨着头顶的天空，"自打小时候我就一直在寻求，我殚精竭虑，做着你让我做的工作，把你给我的拼图碎片拼接完整。我已经付出了该付的代价，但显然仍然有什么东西我还没找到。所以，你要么现在就把它给我，要么就把我从这儿带走，因为我再也不愿意体验和感受这种沉浮不定的怪圈了。"

现在，在我继续写下去之前，我想说对于意识中拓展了的那个方面生气，不是保证能够达到效果的妙方。我知道这点，因为以前我生过好多次气，却没有改变任何事物，但这一回，却有了很大的进展。我再一次开始了探索，完完全全地投身于找到祖父所说的无形的力量源泉的最后几块"拼图"。请注意，8个月以后，我找到了。

尽管遇到了很多挑战，很多次想要放弃，但我还是坚持了下来，并且最终靠自己彻底摆脱了"商业游戏"。在下面的章节里（包括第十六章所描述的、可下载来读的专门附赠的材料），我将详细谈谈其中的意义，以及这个过程对我、对别人来说，是怎样的情况。因为我觉得这是我的人生使命，也因为我对我称为"传授的游戏"的热情，所以我用我个人的体验和感受绘制了一幅地图，还创造了一个工具箱，别人也可以使用它，使他们从"商业游戏"中彻底解脱。我将在本书里和你分享这些体验和感受。

在这里我想澄清两点：

1. 为使我自己从"商业游戏"中彻底解脱，我采用的方法和你在这本书里发现的并无二致：心态、地图、工具箱和导航支持。没有别的。

2. 我本人并没有什么特别或者独一无二之处。任何人，只要采用我在本书里建议的方法——心态、地图、工具箱和导航支持，那么他就能从"商业游戏"中彻底解脱。

我还有几个重要的思想要和你分享，然后我们就一起正式开始我们的旅程。首先，为了让你能从"商业游戏"中彻底解脱出来，开始玩全新的"商业游戏"，我必须帮助你从你现在的位置上前进一大步。我必须让你既有的思维模式短路，炸掉你大半生甚至一生都在信以为真的谎言与幻象，然后以全新的方式支持你，重新塑造一切。因此，当你读到下面的章节，尤其是前八章的一些片段时，你也许会觉得自己好像进入了《阴阳魔界》，或是一部科幻电影的场景当中了。

我不讨论诸如产品销售、市场营销、经营管理、领导艺术、理财之道、团队创建、商业动力，以及生产率的话题，我要讨论的话题是：真理、意识、力量、富足、量子物理学、谎言以及幻象。如果你想彻底摆脱过去那种"商业游戏"，那么你就必须去面对这些。如果你想彻底摆脱过去那种"商业游戏"，那么你就必须理解最终发生在你自己的事业（还有你的个人生活）里的一切事物的真正来源。

那句流行谚语"跳出盒子思考"指的是以创新的方式考虑问题。我乐于把你在本书里读到的称为"炸掉盒子"（喻指改变局面）。为什么呢？因为它和通常人们传授商业成功之道的方式截然不同。于是，在阅读本书时，凭借对此类概念的了解，你也许会产生下面的想法：

- "这家伙疯了！"
- "这跟生意有什么关系？"
- "他不会是认真的吧！"
- "这不是我买这本书时所期待看到的！"
- "不可能！"

或是我自己最喜欢说的话：

- "胡说八道！"

你也许会抿嘴笑，但请你认真对待这些话，因为几分钟以后（如果你马上读下去的话），那样的想法也许会来到你跟前，并且如果真是那样的话，我不想让你受到干扰，或耽搁你的进展。

你有时会觉得应接不暇、迷茫、怀疑、生气或不舒心，这是意料之中的。你是无法从"商业游戏"中彻底解脱的，如果你不在很大程度上改变你对自己、对他人、对世界，还有对以前你所依赖的那些看法、思想及策略（其实就是"大谎言"）的看法的话，而做出重大改变可能会使你非常不好受！

然而，如果你像与我谈起这个工作的多数人一样的话，不管你心里有"一部分"多么不愿意，"另一部分"则会悄悄地说:"他说得对……而我却不知怎的本来就知道了。"不管我跟你分享的体验和感受,在刚开始时听起来有多奇怪(或者,也许并不奇怪,全凭你的生活阅历而定),但我们即将一起走过的旅程,还有你将到达的最终目的地,都是非常真实的。从这里出发吧,你一定会到达那里的。

如果你按照本书结尾我所提供的行动步骤去做,并且你还想要或需要证据的话,那么,你的亲身体验和感受将会提供你想要的关于这个游戏的真实性和合理性的全部证据。这是一个重点,下文我将详细论述。

除《导言》之外,本书还包括其他六个主要部分,各个部分里面都有起关键作用的支持材料。

1. 大谎言:这部分概述了人们所教的关于如何真实面对"商业游戏"——在规则和惯例方面所说的谎话;"商业游戏"应当如何玩;在产品销售、市场管理、领导艺术、理财之道方面所说的谎话;还有要取得成功须付出什么样代价的谎话。

2. 大真相:为了开始打破大谎言的肥皂泡,以便为你打开一条通道,穿越这条通道之后,你能很快达到最后的"彻底解脱"状态,你必须弄清楚几个哲学概念。这些概念我称为"大真相"。

3. 科学:指科学上的最新突破,能够证明我跟你分享的那些哲学思想的真实性、合理性,哪怕那些思想是非常不着边际的。

4. 实用工具：指四种简单易用的工具。一旦你走上我为你开启的便捷通道，你就会每天都要使用这些工具，来使自己"彻底解脱"。

5. 导航支持：一旦你走上我为你开启的便捷通道，你将会发现你走进了一个完全陌生的世界。因此，我会为你提供地图以及其他形式的支持，来帮助你安下心来，在那个新世界里漫游。

6. 邀请：这是在本书末尾给你发出的邀请，为的是让你使用你在本书里学到的方法，证明其在你心里的合理性和力量。给你展现一条全新的、截然不同的生活方式和玩"新商业游戏"的道路。

你很快就会看到，我到第十一章才谈到实用工具。为什么我这样设计这本书呢？我的目标是支持你彻底摆脱"商业游戏"。但为了让你理解每一种工具涉及的行动步骤，也为了你在尽可能有效使用这些工具时感到有充足的动力，我就必须给你打下坚实的基础。在第一章至第十章里，我其实是在帮你打这个基础。

你也许会不时地烦躁起来，急于看到这本书的实用之处究竟在哪里。如果真有这样的情况，请提醒自己：我们最终会走向对于生活和事业特别实用的境界！我敢保证，在我们到达之时，你就会明白我这样设计本书的原因所在。你也将会特别感激我事先为你打好了基础。

在我们读下去之前，还有一个重点需要说明：在读书时，有些人习惯按先后顺序从头到尾地读；而另一些人则会跳着读，时而读前面的部分，时而读后面的部分，时而跳过一些部分，然后细细品读，之后再读其他部分。我的意图在于帮你彻底摆脱"商业游戏"，为此我必须以特定的顺序给你提出一些特定的"拼图"，并支持你以某种特定的方式去加工、组合那些"拼图"。如果你跟从我的带领，那么一幅宏伟壮丽的图景将会跃入你的眼帘，并且你终将彻底解脱。如果你不跟从我的带领，那么留给你的只是桌子上一捆好看的硬纸板——也许会使你求得解脱的能力遭受挫折。

简而言之，请耐心些，按照先后顺序，以你感受到灵感想要读下去的速度阅读吧。相信我，跟从我的带领。我知道如何支持你彻底摆脱"商业游戏"。我能帮助你做到这一点，但只有在你准确跟随一张地图的指引的情况下才行，而我是在一个独特的位置和你分享那张地图的。

你也必须从一开始就理解，仅仅从这本书里，我实际上是不能帮你求得解脱的。我只能把方向指给你，为你开启一条通往新世界的路径，帮助你在那条路上跃进，并给你指出，在你所发现的另一个世界里，你能够做些什么。

为了真正解脱，有你必须做的工作。我将具体指给你该做什么、什么时候做，以及如何去做。在你求得解脱的旅程中，我将给你提供巨大的支持。而我们抵达最终的目的地是需要时间的。这也将要求你有巨大的投入、耐心、毅力、自律性。但是，伙计啊，这样做到底值不值呢？不管花费多长时间，也不管那个工作看起来有多难！

如果你尽心尽力去做这件事情，那么你所得到的回报将超乎你此时此刻的想象。我可以毫不迟疑地这么说。

在我们继续读下去之前，我想跟你分享一些我在撰写本书时行文风格和逻辑方面的细节。

首先，尽管有些互动关系和人生阅历方面的差异，但我在这本书里所分享的经验对于你是适用的，不管你是当老板的，还是做员工的。为了行文方便，我将用"你的生意"这个字眼，来指涉上述两种情况。

其次，你将看到在这本书里有很多谈话，关于"真相"、谎言以及貌似"真相"的幻觉。你要在阅读时注意，书中从谎言和幻觉当中区分出"真相"，我有意创造出这些名字和标签，用以描述所看到的真理的各个方面。你将会习惯这一点，我只是想从一开始就说清楚。

最后，本书自始至终，我所指称的足球，都是指橄榄球（美式足球），而不是英式足球。我要提前说明这一点。

我曾说过，这本书不限于仅仅"跳出盒子思考"，从而来支持你完全"炸掉盒子"。我只是朝着这个目标，点燃"导火索"，然后它就开始"燃烧"了。为了开始你的非凡旅程，体验和感受那种使你彻底摆脱的"爆炸"，就请翻过页，开始读第一章吧。

　　下面是给那些已经读过《你值得过更好的生活》那本书的读者的按语：那本书，是生动的第二阶段的事件，是第二阶段的家庭转变系统，是第二阶段的又一项工作——这本书必须以独立成篇的方式来写。因此，在本书各个章节，你将会看到对你来说算是回顾的一些材料。它们将会带给你许多有趣的惊喜，它们是一些给你支持、拓宽视野的回顾。然后在其他章节，你将会发现其他许多新形式的支持和激励，我确信你会很欣赏的。

---

① G.I.古德耶夫，《生活仅在那时真实，当"我在"时》，美国纽约：达顿出版社，1981年出版，见《前言》部分。

第一章　大谎言

> 我宁肯讲实话惹你讨厌，也不愿说谎话讨你喜欢。[①]
> ——意大利作家、
> 剧作家、诗人、讽刺作家　皮埃特洛·阿雷提诺

目前在世界各地有数十亿人在玩"商业游戏"，而且都在尽己所能地争取获胜。这些人当中既有员工，也有老板，更多的是在员工和老板之间各个层次的人。每个月都有数以千计的企业主（网络新用户）创办属于他们的小企业——或在互联网上，或在其他地方，带着从他们的努力中自然流露出来的取得成功、积累财富和实现自由的梦想。可能你就是这些人当中的一个。

在玩"商业游戏"时，玩家都要懂得正式的规则和惯例，并且尽力遵守（稍后还有更多内容）。然后他们就会被引导到巨大的建议贮存库，有的在大学内，也有的在大学外。这些建议都在我所称的"经商商业的五个力量中心"——产品销售、市场营销、经营管理、领导艺术、理财之道——的范围之内，其目的在于帮助他们获得成功。头脑里装备了这些规则和惯例，再加上人们不断提供的越来越多的理论、工

具、技巧和策略之后,这些玩家就走上了通往成功和胜利的道路。这里说的情况也许也适合你(不管是现在,还是多年以前当你最早开始玩"商业游戏"的时候)。

然而出发点再好,遵循的建议再好,投入的时间、精力和金钱再多,每个玩家最终都不会赢得"商业游戏"。不管你是否意识到了,是否愿意承认,是否已经到达了"商业游戏"的那个地步,这里说的情况也同样适合你——这一点你很快就会看到。

我所说的"不会赢得'经商商业游戏'",是什么意思呢?下面是对七种最常见的失败情况的简单概括:

1. 作为企业主,他们遭遇了传统意义上的失败,即关门停业或不再有生意可做了。

2. 作为企业主,他们一直开门营业,但尽管投入了大量的时间、金钱和努力,他们仍然经历了巨大的挣扎,承受了巨大的压力,并且他们的生意所得只够勉强维持体面的生活,这样他们就受到了很大的限制。

3. 作为企业主,他们的生意取得了传统意义上的成功,以小的、大的或是巨大的方式,就是说他们创建了能盈利的企业,过上了很好的生活,积累了一定的财富,有了舒心的生活方式。但也为其所取得的成功付出了巨大的"有形的代价",以诸如这样的形式:不幸福、压力大、焦虑、痛苦、幻灭感、健康问题、人际关系问题、空闲时间的缺乏,等等来呈现。

4. 作为员工，他们被由别人控制的工作条件所限制、约束，感到受挫，并且从来没有因为他们对公司所付出的努力和所做的贡献而感到自己得到了很好的回报。

5. 作为员工，他们为公司慷慨无私地付出了几年，甚至几十年的时间、精力和努力，最后呢？当新的管理人员执掌权力时，他们却遭到被解雇或被降级的命运，而且在公司经营困难的时期还沦为被精减人员，给那些他们认为资格不如自己的人晋升职位让路，等等。

6. 无论是做老板的，还是当员工的，他们都可能感到，各种内外力量迫使他们投入大量的时间，去做一些他们并不喜欢的事情，去完成一些他们觉得无趣的任务，去参与一些他们会感到痛苦的活动，等等。

7. 无论是做老板的，还是当员工的，他们都努力工作，取得了某种程度的成功，但却发现，由于受到经济形势或股市行情的波动，或行业潮流的转变，或技术革新，或竞争对手的大胆进攻，以及其他因素的影响，那个成功大打折扣。

情况就这样一天天继续着，每当人们再次感受到生意上曾经有过的困难时，他们常会心存侥幸地说"情况这回对我可不一样"，或"情况这回可不一样了"（我本人在这点上有着太多的亲身体验和感受）。

最后，我要说的是（在下面的章节也将讨论），即使有一个"商业游戏"的玩家遭遇的情况不在上述之列,他或她也仍然会为以以前的方式玩"商业游戏"而付出"无形的代价"。

我喜欢使用小狗赛跑这一比喻来描述以以前那种方式玩"商业游戏"涉及的原动力。在每一次比赛中,小狗拼命追赶一只机械兔子,却怎么也追不上。兔子总在小狗追赶的能力之外。为什么小狗总也追不上跑道上的兔子呢?因为这项运动就是有意这么设计的,为的是让小狗总有往前追赶的动力,而实际上它们永远追赶不上在前面"跑"的兔子。

让我把这个比喻继续说下去。小狗也许训练努力,有世界上最好的营养,长得越来越健壮,跑得也越来越快,它们赢了不少比赛,给主人(以及把赌注压在它们身上的人)赚了不少钱,住在更为舒适的狗窝里,在跑道上穿着更为花哨的衣服,但最起码的前提是,这些小狗仍得上跑道去,而且他们得猛跑着去追逐那永远也追不上的兔子。

虽然这个比喻可能会让你有些吃惊和激动,并且你可能觉得难以接受——那些"商业游戏"的玩家也和你想的一样。在我们长大成人的过程中,人们教会我们玩"商业游戏"的各种规则。人们对我们说我们能赢。他们还告诉我们,如果赢了的话,我们就能抓到许多兔子。所以,我们就上了跑道,开始追逐兔子。这当然是在比喻的意义上说的,并且一旦我们像小狗一样去做的话,我们的结局会是黏在跑道上,一圈一圈无休止地跑,跑啊跑,跑啊跑,却总也追不上兔子,不管我们跑得有多么快、身体多么强壮、技艺多么娴熟，也不管我们多么富有、多么有力量。

我们陷入那无休止的"追赶兔子却永远也追赶不上"的圈套里了，因为"商业游戏"的设计初衷就是为了看到那样的结果——其原因我在下文里还会跟你说的。我知道那是一个大胆的断言，但我已准备好了在本书里充分证明那个断言。

现在我想详细谈谈人们教给你的那些玩"商业游戏"的规则和制度，还有从那些规则和制度当中自然流露出来，流入你清醒的意识中的那些信念。我把整个这一块称为"大谎言"。

首先，咱们来谈游戏吧。如果你像大多数和我聊过的人一样的话，那么现在你也许不会把经商商业当作游戏。在我和人们说话并问起他们这个问题的时候，许多人对我说了这样的话："经商商业当然不是做游戏。经商商业是一件需要你付出努力的正经事，而且还得担着很高的风险。"

彻底解脱过程的第一步是，真正理解经商商业的原动力所包含的一切——产品销售、市场营销、领导艺术、经营管理、信息技术、人力资源、花费开销、货物托运、应收账目、应付账目、利润、经济、股市等，这是令人吃惊的、精密的、巨大的、独特而复杂的游戏的一部分，该游戏是带着具体的目标在头脑里创造出来的。这其中的一些实情你已经知道了，但更多的层面和见解将在下一章讨论。

如果仔细看一下的话你就会发现，多数游戏不仅有规则和制度，还有明确的条理或程序。所有选择玩这个游戏的人都会同意遵守那些规则，也遵守那些游戏的条理或程序。要想这个游戏能正常玩，就必须这么做。

比如说，橄榄球就是拿一个按照严格要求制成的有一定形状、一定大小的皮球来玩的。场地长91.4米。一场比赛有4局，每局持续15分钟。球员带球进入达阵区得6分，带球触地射门得1分，直接射门得3分，进攻队的球员若在自己的达阵区被对方球员截抱得2分。第一次进攻跑长为9.1米。比赛时间内场上参加比赛的球员人数是固定的，他们必须守在特定的位置上。有一些规则规定了球员在场上该做什么、不该做什么，并且如有违规，则犯规的球队就会受到惩罚。如果在规定的时间内双方比分持平的话，则延长比赛，直至分出胜负。在4局比赛结束时得分多的球队获胜。

棒球是另一个例子。棒球场地形如钻石，其面积大小也是特定的。每队只有9名球员被允许在比赛时进场打球。和橄榄球一样，每名棒球手都有具体的位置。棒球赛要求使用符合严格标准的球棒、棒球以及手套。每场比赛有9局，每局中每队被允许有3名棒球手出局。每名棒球手允许失球4次、进球3次。投球手站在被稍微垫高的投手板上，跟击球手所站的本垒有特定的距离。各垒之间也有特定的距离。击球手经过一垒、二垒、三垒，然后回到本垒，可得1分。9

局结束后得分多的球队获胜（打成平局则打加时赛，直至分出胜负）。

最后再以高尔夫球为例。高尔夫球手在高尔夫球场比赛。球场上有一定数量的球洞、草坪和平坦的球道，沿着（通常是）平坦的球道两旁的深草区、沙坑和水池排布。球手使用L形的金属球杆，把球准确击入一个个小小的球洞里。打球时必须遵守特定的规则，违规就要受罚。比赛结束时杆数最低者获胜。

如果你仔细、客观地审视橄榄球、棒球、高尔夫球等球赛，你会明白那些规则、制度和程序似乎非常主观武断，而且毫无意义。想想看：

- 橄榄球。抱着一个因充气而膨胀的皮球奔跑，或设法跨越白线和得分点时，将球丢给别人，不然就是想办法把球踢过两个金属柱抵达得分点。
- 棒球。用一根木棍试图击打一个向你飞速冲来的、裹了皮子的圆形橡胶球。然后，如果你击中球，且没有别的球员用裹在他或她手上的超大皮手套接住的话，你就四处边跑边设法触摸3个放在地上的方块形的垒包，然后再跑回本垒才能得分。
- 高尔夫球。用L形金属球杆设法击中橡胶小圆球，设法用最低的击球数（或杆数），让圆球进入几百米开外的浅浅的小洞里。

如果你审视其他类型的大众游戏——桥牌、强手棋、普尔（一种赌博方法）、国际象棋、言谎大西洋跳棋、"二十一点"牌戏（一种赌博纸牌戏）等——的规则和程序的话，你会看到大体上同样的主观武断性。

你或许会纳闷："怎么会有人想出这么奇怪的游戏，游戏的规则和程序还这么奇怪。"事实上，如果有外星人自另一个星球客观地观看我们的游戏，在不给他们传授任何游戏规则的情况下，他们也许会觉得我们这样玩游戏简直是发疯了。尽管那些规则和程序初看起来显得主观武断，但隐藏在后面的却是发明和创造这些规则的才智、计划和意图——而欢乐来自玩游戏的过程当中。

游戏玩家很少质疑他们所玩的游戏最初是怎么发明的，或质疑其规则和程序的主观武断性。他们开始玩很久以前就发明了的游戏，而且只按照游戏规则所要求的去做。

这些情况也适用于"商业游戏"。当我们仔细、客观地审视"商业游戏"的规则和程序时，它们显得主观武断而且没多大意义，这一点你将会看到。然而，在本书后面的章节里，你将会看到，在"商业游戏"的设计背后，也有某种才智、计划和意图，并且正如我说过的，当你发现它们时，它将撼动你的世界。它也将为你开启从"商业游戏"中彻底解脱的方便之门。

我们在成长过程中到了一定年龄阶段时，会成为某个早已有人在玩的"商业游戏"的玩家。我们像运动员和其他游戏的玩家一样，从不怀疑人们教给我们的关于"商业游戏"

的玩法。我们只是接受人们教给我们的规则,并按那些规则来玩游戏,仿佛那些规则是刻在石头上的,容不得商量。

这里有五条人们教给我们的用于玩"商业游戏"的、真正刻在石头上的主要规则。事实上主要的规则有几十条呢,但下面的规则是我们最熟悉,也是给我们带来损害最多的。这你很快就会看到。

1. 你玩"商业游戏"的钱(资本)是有限的。

2. 你有收入(流入的钱)。

3. 你有开支(流出的钱)。

4. 你的收入必须超出你的开支(能带来利润),否则你会输掉这个游戏。

5. 你必须实现利润最大化,使得利润增长并维持下去,以便你能赢得这个游戏。

这些规则好像显而易见,是不是呢?其中没有多少我们可以提出挑战和反对的东西,对吧?

错!这你很快就会看到。

在如何管理资本、创造收入、减少开支以及增长利润方面,上述五条基本规则下面还有许多规则、制度和所谓的"神奇惯例",并且还有很多策略:

- 增加销售额。
- 提高市场营销效率。
- 管理资金流。

- 聘用、解雇、激励和补充员工。
- 使员工流动最小化。
- 提高员工干劲、生产率和效率。
- 高效的时间管理。

使人们认为是"大谎言"驱动"商业游戏"的，还有下面一些人们信以为真的普遍看法：

- 税收部门是你的敌人（在某种程度上）。
- 你的竞争对手是你的敌人（在某种程度上）。
- 对于国际经济的变化态势（增长期、衰退期、萧条期），你总是无能为力。你决策和行动的自由总是受限于老板、股东、合伙人、董事会成员和投资者。
- 对那些可能损害你的生意（工作）或一眼便可看出已经过时的新产品服务和新技术，你无能为力。
- "亲近朋友，更要亲近敌人。"

所有这些看法我都称为"外力推动而形成的看法"，其意义你很快就会明白。像这五条基本规则一样，它们似乎都是真实可信的，是对实际情况的准确描述。但在这里我要告诉你，上述规则、看法以及从中衍生的次一级规则、看法中，没有哪一条是真实可信的，一条也没有。和所有游戏规则一样，它们都是凭空编造出来的。你却盲目相信那些规则，并视之为真实可信的，从而接受它们。你现在有机会改变了。你现在有机会从以前的"商业游戏"中彻底解脱并开始玩

"新商业游戏"了。

下面是我想重复并在下文详谈的两个重点：

1. 你不可能赢得"商业游戏"。

2. "商业游戏"是为了创造完全的、彻底的失败而专门设计的。

你不可能赢得"商业游戏"是因为：

• "赢得"没有准确定义。如果你赢得了"商业游戏"你又是怎么知道的呢？你曾给自己提过这个问题吗？你的生意扭亏为盈时你就算赢了吗？还是当你超过了一个具体的销售或盈利目标时，就算是你赢了呢？还是当你抛售出你的一些甚至全部的家当，把它们变成现金，或使之挂牌上市时，就算是你赢了呢？从我的经验来看，当许多人有他们为自己设定的商业目标时，对于赢得"商业游戏"的真正含义，很少有人知道究竟。他们只是带着这样一种模糊的"只要我在商业我就是在赢"的思想去玩"商业游戏"。如果你并不懂得什么是"赢"，你怎么可能赢或是知道你已经赢了呢？你不可能做到这一点！

• 你赚到的钱和取得的成功总是没有保障，且处于风险之中。不管你在生意账目上累积了多少钱，或在一定时期股票或股票购买权的价值累积起来有多高，它都总是处于风险之中。你可能会失去全部或其中的大部分，由于经营不善、开支太大、股市崩盘、投资不利、市场运作失败、贪污、诉讼、困难时期，或是完完全全的生意失败等原因。不管你的销售多么火爆、利润多么丰厚，或是你的团队积极性有多高，或是你的组织运营效率有多高，历史终将证明，这个状况将会改变，而且是在没有一点点先兆的情况下。你用以判断的基准尺度和数字越大，那么你对于安全的幻想就越大。但现实是，你生意的稳定，还有你的资金和其他资产的安全，从来不是真正稳固的。还有，历史上有关那些个人和企业的故事俯拾即是，他们曾经高高在上，似乎不可战胜，但后来却遭到了毁灭。

- 没有正式结束的时候。"商业游戏"什么时候算是结束呢？是当你到达你为自己设定的里程碑的时候吗？那并不算是，因为你可能暂时到达或跨越一个里程碑，但你的资金、资产以及你生意的稳定性还都处于风险之中，所以你可能会后退，而失去你所创造和积累的一切。"商业游戏"在你退休或兑出现金以后可以算作结束吗？也许吧。但你的退休收入、现金和其他资产，仍然处于风险之中。所以你玩的"商业游戏"并未真正结束。那么当你死时，是不是就算结束了呢？哦，"商业游戏"就是到那个时候才结束的，但到了那个时候，赢得了"商业游戏"对你有什么好处呢？

如果"商业游戏"并没有玩完的时候，那么你怎么可能知道你是不是赢了，或是什么时候赢了呢？如果在第3局比赛结束时你暂时处于领先地位，你能说你赢得了橄榄球赛吗？如果在第7局结束时你暂时处于领先地位，你能说你赢得了棒球赛吗？如果在打完12洞时你的击球次数最少，你能说你赢得了高尔夫球 18 洞的比赛吗？不能！

- 你不能完全支配相关人员。"商业游戏"是和其他人一起玩的，这些人我们称作顾客、委托人、合伙人、员工、股东、董事会成员、房地产商、会计师、银行家，等等。在一个理想的世界中，为了确保你的生意长盛不衰，你就得有能力使那些人正好做你想让他们做的事情，包括什么时候去做，以什么样的方式去做。但既然他们是独立于你的一个个人，而且有他们自己独立的决策能力，所以完全控制那些人是不可能的——不管你在与人沟通、给人激励、劳动补偿、产品销售、市场营销和生意谈判方面的能力有多强。因此对你而言，别人总归是未知的、不可预测的因素，或是会令你扫兴的人。

- 总有人比你更成功、更有效率。在"商业游戏"里面设有一个陷阱，许多游戏玩家会在某个时候陷进去，很少有例外。这个陷阱会突然出现，当小有成功的一家公司或一个游戏玩家，和比他更成功的另一家公司或另一个游戏玩家相比较，而这种比较使他们相形见绌的时候。

举例来说吧，赢得销售额 X，实现利润 Y 的一个老板、员工或是生意合伙人，发现他的竞争对手赢得的销售额是 2X，实现的利润是 2Y。一个老板、员工或是生意合伙人，他本来对自己一年赚 X 感到高兴，却发现与自己同一级别的另一个人，或是自己在竞争对手公司里的相同身份的人，却在赚取 2X，而且还有更多的股票购买权，等等。或是一个企业高管，经常乘坐飞机头等舱出行，却发现自己的一个朋友或竞争对手已经拥有了私人飞机。你明白我的意思了吧。在这些情况里，尽管你可以说一个游戏玩家在赢得什么，但在某个方面，他们却并不会觉得自己在赢。

• 总得付出"有形的"和"无形的"代价。你不能赢得"商业游戏"，因为即使你好像距离上述"不能赢"的情况很远（或者你属于我没有提到的其他许多情况之一），如果按照传统的规则去玩"商业游戏"，那么几乎总会导致某种形式的压力感、不满足感、痛苦感或者失落感——尤其是涉及空闲时间、健康和人际关系时。我确信你本人体验和感受过这种情况，或是看到过，或是知道某人如愿以偿地拥有了一家成功的公司或一份成功的事业，却遭遇到如下的结局：

——与各种疾病做斗争，包括严重的疾病。

——孤独。

——远离朋友、家人和浪漫的伴侣。

——英年早逝。

——罹患偏头痛。

——精神崩溃。

——生活奢华，然而内心空虚，且纳闷："这就是人生的全部吗？"

还有很多，不再列举。

想象一下，你或是玩，或是看任何一种我刚说过的有一定规则、制度和程序的游戏：你无从知道谁会赢，而且该游戏也没有正式结束的时候，你可以对和你一起玩的人施加影响，但你控制不了他们，不管你的技艺有多娴熟，总有比你更加优秀的团队和队员，而且你终究会以失败告终（由于你不得不付出的"有形的"和"无形的"代价），即使你认为你是在赢。

那样的游戏有没有人想看呢？没有！对游戏玩家而言，那绝对是一场噩梦。那样的游戏没有人愿意玩，而且也没有人愿意去看。看那样的游戏有什么意义呢？

话虽这样说，但每天都有数十亿人去玩"商业游戏"，全然不顾实际发生的事情的真实情况。那些人当中有许多人——也许包括你——认为他们已经赢了，或者认为他们在身边或是媒体上所见的人已经赢了，但这一切毕竟只是一个幻象。在本书第九章，我将揭示你赢不了"商业游戏"的一个更大的原因。但首先，我得给你提供一些更为根本的有关那个谜团的"拼图"。

人们从未告诉过你"商业游戏"和我们所玩的其他游戏不一样。关于"商业游戏"，没有什么规则是金科玉律，什么都可以商量。你并不需要接受那些传统的游戏规则、制度和程序，还有那些跟"商业游戏"有关的看法。你并不需要对那些你无法控制的外在影响和力量显得无能为力。实际上你是有选择权的！

既然不存在赢得"商业游戏"的途径，所以你只有以下两个选择：

1. 继续按照传统的游戏规则、制度和程序去玩，但同时你得知道你会失败,并且付出高昂的"有形的"和"无形的"代价,无论你做什么。

2. 从以前那种"商业游戏"中彻底解脱出来,为你自己创造一个全新的"商业游戏"吧。选择你自己的游戏规则和制度,用你创建的生意一劳永逸地改变你的人际关系。

不管这在你听来有多么疯狂或像天上掉馅饼一样不着边际,但我敢保证,一旦你读完这本书,你就会在做出上述第二个选择时觉得特给力,并且彻底从"商业游戏"中解脱出来。

我们回到小狗赛跑的比喻上吧。本书将在这方面给你提供支持,帮你停止那无休止的赛跑,完全离开那个跑道,去玩一个全新的"商业游戏"。这能使你实现你所有的"真实的目标"(详见下文),以及所有你仍想实现的"虚幻的目标"。然而,你也许会惊讶地发现在这个时候你仍然想实现的"虚幻的目标"大大减少了。

为了继续你的游戏旅程,找出三个生活中一直困扰你的问题,学会以彻底摆脱"商业游戏"时你觉得有力的方式回答吧!请翻过本页,继续读第二章吧。

---

① 皮埃特洛·阿雷提诺语,《七嘴八舌》,美国芝加哥:拉根通信出版社,2004年版。

第二章　大真相

事情的真相就是此刻在你心里唤醒的不受时空限制的你的本质。拂去思想和更为微妙的知识层面的灰尘，只为了揭示这一点。①

——作家　凯蒂·戴维斯

每个人生来都具有无穷的力量，对于它没有哪种世俗的力量是无足轻重的。②

——哲学家　内维尔·戈达德

从传统意义上讲，当你想要改变你生意的某个方面，促其稳定、成长或改善时，你会去向专家求教或学习产品销售、市场营销、经营管理、领导艺术以及理财之道——经商商业的五个力量中心——等方面的专业知识。

但是，彻底摆脱"商业游戏"却不是一项传统意义上的活动。为了彻底解脱，你必须以前所未有的崭新角度看问题，并且开始向专家求教或学习专业知识。那正是我们在这一章里要开始一起做的，现在就开始吧。

自有文字记载的历史以来，有三个问题一直困扰着人类：

1. 我是谁?
2. 我为什么在这里?
3. 我要到哪里去?

具有讽刺意味的是,读完这本书你就会明白,使人彻底摆脱"商业游戏"的关键因素就在这三个问题的答案里,而不在你运用从经商商业的五个力量中心里学会的策略里。

我认为不存在回答这三个问题的绝对真理。为什么呢?因为关于人类的生存体验还有一些未解之谜。这些谜太过庞大、太过复杂,凭借我们目前的认识水平,是无法理解的。既然我们无法确知那三个困扰我们的问题的答案,那么我们所能做的就是创造一些尽可能接近事实真相的模型,以便我们可以从中得到切实的好处,用于我们的日常生活。

因此,在接下来的几章里,我要和你分享的就是,我要创建一个管用的模型,使我们有力量彻底摆脱"商业游戏"。但那只是一个模型,这一点要清楚。如果你愿意,你也可以不按这个模型行事。如果你愿意,你也可以对其中一部分或全部提出异议。你也可以以它太"强人所难"或"不切实际"而拒之不受。尽管如此,这一模型却非常接近真理,它能使你有力量接受一些能带来深刻改变的实用价值,那些价值就在你的商务活动和个人生活当中。我这么说,是根据我自己在这个游戏旅程中的亲身体验和感受,以及看到全世界许多人走了一条相似的道路,你将会发现这一点。

这一模型含有两个元素：哲学的和科学的。在我和你分享哲学元素时，请记住这两种思想：

1. 不管乍看之下如何，哲学元素其实是一些关键的拼图元素。这些拼图元素的实用性，读到第十一章你将会明白。而读完全书，你对其重要性的理解将会进一步加深。

2. 在本书第四章和第五章里，我将和你分享科学上的最新突破，这能证明这一模型所含的哲学元素的真实性——包括其最不着边际、最"不切实际"的方面。这对你会很有价值（如果相信或接受任何一种哲学，对你都具有挑战性的话）。

我们来看第一个困扰人类的问题吧。

我是谁？

如果你接触过所谓"新时代"的、玄学的、奥秘的以及精神上的思想这些方面的信息，那么你一定听说过这样的说法："我们人类是有着肉体体验的精神存在。"我同意这一表述，并把它看得和我要表述的模型同样重要。

"真正的你"，是一个我称为"拥有无限可能的存在"（以下简称"无限存有"）。"真正的你"，拥有无限力量并且无与伦比。弹指一挥，你想要的一切立刻就会显现。你所熟知的全部概念都无法接近"真正的你"所拥有的无限力量和全知全能。大自然和人类的所有力量合在一起再乘以10亿倍所形成的力量,同"真正的你"随时任意支配的力量比起来,都是微不足道的。

这么说可能会使你感到既熟悉又陌生,全凭你的人生阅历和人生观而定。无论感受如何,若你愿听从本书的建议,那么"真正的你"这个问题就将是你能证明给自己,并能实际体验到的。

因为"真正的你"具有创造一切的力量,你的自然状态是一个无限丰盛富足的状态。在自然状态里,你什么都不缺乏,没有什么东西迷失,没有什么愿望落空,没有什么计划失败,也没有什么目标未曾实现。

作为一个"无限存有",你也可能处于我所称为的"真正的快乐"的状态。那么什么是"真正的快乐"呢?假设你创造一个容器,往里面装入你想要的各种积极有益的感觉——幸福、快乐、宁静、知足、满意、成就感、无条件的爱等,然后把这些感情放大1000倍,那么这个容器里面所包含的,不过是"真正的快乐"的一个逊色的模仿而已。"真正的你"只知道"真正的快乐"。"真正的你"并不会体验到消极无益的感情,如愤怒、恐惧、担心、泄气、沮丧、悲伤或不安。

作为一个拥有无限力量和"真正的快乐"、睿智而且富足的生命,你会产生一个无限的愿望,就是想要创造性地表达自我,或者体验表达的快乐和欣喜,不管你以什么方式表达。事实上你很快就会看到,不管人类的全部体验和感受看起来是什么样的,或者从判断的角度看是什么样的,它基本上都关乎创造性地表达自我、寻求快乐以及探索世界。

我们来看第二个困扰人类的问题吧。

我为什么在这里?

你来这里是玩游戏的!

在日常生活中,你多数时候忙于日常的例行事务。然而你也会时不时地放下日常事务,去玩各种各样的游戏。这里说的游戏,指的是运动、棋类、牌类、登山、骑自行车、蹦极、飙车、看电视、看电影、看戏、读小说名著、画画、唱歌、弹奏乐器、听音乐或其他你真正喜欢做的事情。你出于各种目的去玩游戏,或是为了获得快乐,或是为了挑战自我,或是为了探索"要是……那会怎么样"的情况。

说到"你为什么在这里?"这个问题时,情况也一样。作为一个生活在我戏称为"无限地带"的"无限存有",你也基于另外一个层面的认识,从日常事务里抽空去玩游戏。这个游戏叫"人性游戏",而"商业游戏"是其中的主要部分。

对此你感到惊讶吗?玩游戏作为你在这里的原因是不是太微不足道了呢?或者以玩游戏来解释人类的痛苦、困难和复杂的体验和感受是不是太微不足道了呢?如果是这样的话,坚持和我在一起——当更多的拼图之谜为你揭开时。这是另外一个概念,你将会直接体验到,并且证明给自己(如果你跟从本书为你勾画的道路的话)。

我们来看第三个困扰人类的问题吧。

我要到哪里去?

你有"笼统的目的",也有"具体的目的"。"笼统的目的"就是去玩"人性游戏",从中获取人类从各种游戏中得来的各种好处:得到了快乐,或是挑战了自我,或是探索了"要是……那会怎么样"的情况。

你的"具体的目的"是完全按你所选择的独特方式去玩"人性游戏"。我们都在玩"人性游戏",但是方式却大相径庭。甚至即使表面上看起来我们在做同样的事情,或以同样的方式在做事,或出于同样的原因做事,我们所做的实际上也是不一样的。一切都是为我们作为"无限存有"而设计并使之成为习惯的,读完第四章和第五章你将会清楚地看到这一点。

在《创造中的宇宙》那本书里,芭芭拉·杜威说(在我使用"无限存有"和"人性游戏"这两个术语的地方,芭芭拉·杜威用的是"创造中的宇宙"这一术语):

> 从最终分析来看,我并不认为"创造中的宇宙"有

比快乐地表达创造的可能性更大的目的。仅从服务这一目的的意义上说，它是一个具有雄浑结构的设计。它在简单易懂和给人机遇方面也是令人惊叹的。它允许在一个合作和合伙的背景下有完全的自由存在。在"创造中的宇宙"这个概念里，既没有胜者，也没有败者。每个人都在玩自己选择的游戏，那里只有胜者。①

在第一章里我们讨论过，所有的游戏都是你带着某种理念开始的；然后人们建起游戏场所；然后就有了必要的工具和配套的资源（如高尔夫球杆、橄榄球、篮球、网球拍）；然后就发展起来了游戏规则、制度和程序，游戏玩家必须严加遵循，如果他们想玩游戏的话。玩"人性游戏"也一样。

现在我们来讨论驱动"人性游戏"的理念。我是电视连续剧《星际迷航记》的铁杆粉丝。该剧中有一个理念被称作"主要指令"。"主要指令"是一个核心原则，在"奋进"号太空飞船上的全体船员探索太空的时候，指引着他们的行动。"人性游戏"也有一个"主要指令"，那就是彻底探索发生的事情，当你限制了无限的力量时，当你限制了无限的创造性表达自我的能力时，当你限制了无限的智慧、丰盛、快乐时。而"真正的快乐"才是你的本然状态。在本章里，我打算从哲学的角度介绍这一个理念，并在后面的章节里继续从科学的角度加以讨论。而在第九章，则从日常使用的角度，对这一讨论作结,那时你已得到了更为重要的游戏"拼图"。

我们所玩的一切游戏,最初都是由某个人发明的,他发明游戏是有具体的原因和动力的。"人性游戏"也不例外。你可以从一个宏大的、无限的角度去想象,一个"无限存有"这样想:"看到在我限制并束缚住自己,隐藏了所有力量、智慧、丰盛和'真正的快乐'的情况下,事情会是什么样,难道不是很有趣吗?"我真能使自己相信这些东西不见了吗?我真能使自己相信我恰好是"真正的我"的反面吗?然后会发生什么呢?如果我果真做到了这些,那么整个游戏旅程,还有我的体验和感受,又会是怎样的呢?在这样的情境下能玩什么样的好游戏呢?

既然你是一个"无限存有",若想玩有束缚、有限制的游戏,你就必须创造一个能替代的"自我",即"真我"的替身,来做那个游戏的主要玩家。从此刻起,我将把"那一部分的你"称作"玩家"。之后你就必须对"真我"的替身,隐藏你所有的力量、智慧、丰盛和"真正的快乐"。然后你还得搭建一个游戏场所,以便你玩游戏,还得找来其他游戏玩家和你一起玩游戏。"真正的你",以及你那"拥有无限可能的自我存在",就会在你对"真正的你"和周遭世界究竟在发生着什么盲目无知时,在幕后管理整个的体验和感受,继续读下去,我将把你身上的那一部分称为你的"大我"。

那个玩"人性游戏"的人是你身上此刻正在读这本书的

"那一部分"——你总以为"那一部分"就是你自己。而其他玩家呢（我将在第七章详细讨论），是你身边与你交往的人。游戏场所就是我们称的物理的宇宙、物理的现实，或三维的现实（有着有形的和无形的组成元素）。

这里的话有些让人费解，但明白这一点很重要：虽然"真我"的替身和"大我"感觉好像不是一体的，但实际上他们是同一个"无限存有"，在深层次上他们是统一在一起的。由高超的戏法所创造的幻觉，必然会有"真我"的替身和"大我"明显的分离，我们将在接下来的三章里讨论幻觉问题。

从成为游戏"玩家"的那一刻起，你就开始隐藏你巨大的力量、智慧、丰盛以及"真正的快乐"，并开始构建另一个你在其中可以玩"人性游戏"的虚拟现实（游戏场所）了。在我们继续讨论限制、束缚和"人性游戏"之前，请允许我在你正在拓展的意识里播撒一些种子，这也来自芭芭拉·杜威：

> 因此，我们错误地认为，我们是受生活而不是受造物主的怜悯。这样的看法使得我们觉得无能为力，于是，我们急于利用科技的帮助来填补我们感觉到的弱点。人们并不鼓励我们使用与生俱来的心灵感应能力，因为我们有电话；我们并不需要完全的记忆，因为我们有电脑；

我们并不需要具有返回原处的天性,因为我们有地图;我们并不需要锻炼身体,因为我们有医生。④

除了隐藏你的力量和创造另一个你玩"人性游戏"的虚拟现实外,你也要使自己相信,那隐身之处会很痛苦、恐怖、危险,甚至致命,所以应当不惜代价避免它们。我们将在下面的章节里讨论这一点。

正如棒球赛有9局,橄榄球赛有4局,高尔夫球赛要打完18个洞,"人性游戏"也分为两个阶段。

第一阶段

在"人性游戏"的第一阶段里,"大我"使用了你所有的力量、创造力和技巧,来掩藏你对于"真我"的所有意识,掩藏你的本然状态——不惜代价阻止你发现它。做任何可能的事情都是为了使你相信,那个游戏玩家("真正的你"的替身)和那个三维的、虚幻的游戏场所是真实的,也为了越来越多地束缚和限制你,直到你完全相信,你处在"真我"的反面。在流行的有关成功和自立的故事里,人们对于这个过程有着不同的界定,通常被称为"计划期"或"适应期"。

考虑这个问题时,请扪心自问,我们出生时,作为无助的婴儿,没有任何力量、知识和丰盛,就开始玩"人性游戏",那是不是一个偶然的事件?"真理"常常正视着我们,而我们却往往不予理睬。我管这样的事情叫"天大的笑话"。我们将会体验和感受到许多这样的玩笑。

正由于第一阶段的原动力,所以"虚幻的目标"才那样显著、那样诱人,所以我们才很少实现"虚幻的目标"(即使能够暂时坚持那些目标的话),所以即使目标实现了,其结果却并不如我们预期的那样令人满足。

第二阶段

在忘却"真我"并深深沉浸于"人性游戏"第一阶段里的那些给人带来很大限制和束缚的体验和感受之后,"大我"就开始把你推入第二阶段。这时候,你开始感到不完整,如有所失,好像一切都不再有意义了,好像一定有另一件事在发生,而你却一无所知。然后,你就开始寻找生命的答案和生命中更高的目的。

这时候,你仍然不能明白你的"真我"究竟是什么,或你到底有多少力量、智慧、丰盛和"真正的快乐"(即使你的信仰体系里面包含了类似的概念)。但你仍然开始寻找"真理"的直接经验。然后"大我"就不断变换角色,把你带上我所称为的"百年寻宝"之路,并且支持你收回第一阶段你隐藏起来的力量、智慧、丰盛和"真正的快乐"。

一旦你收回力量、智慧、丰盛和"真正的快乐",你就可以无拘无束地玩"人性游戏"了。我称这个时刻为跨越"彻底解脱点"的时刻。这是一个很多事情,尤其是你生意上的事情,变得很好的时刻!也正是在第二阶段,我们把关注从"虚幻的目标"转向了"真实的目标"。关于这一点我在下文里还要讲到更多内容。

顺便说一下,你读到这本书并不是偶然。这里介绍的不是那种你所涉猎的体验和感受。如果你还没发现的话,那么你很快就会发现,这是非常有用的材料!你不会读我写在这里的话,除非:

- 某种程度上,你需要得到一些支持以便即刻就进入第二阶段。
- 目前你正在为进入第二阶段做准备,并以这本书作为基础训练和热身之用。
- 你并未为跃入第二阶段做准备,但在你继续玩第一阶段游戏时,你也想了解有关"真相"的更多信息。

如果你一直跟随我的思路,那么此时就会有这样一个思想在心头浮现:"为什么人人都愿意玩那样的游戏呢?先是有那么多的力量、智慧、丰盛和'真正的快乐',之后把它们隐藏起来,然后再次找到它们。这听起来不可思议。"如果真有那样的思想在心头浮现,那么作为回应,让我问你这么三个问题:

1. 为什么人要玩某种游戏?
2. 如果你客观真实地看待的话,那么,"人性游戏"的规则、制度和程序真的比高尔夫球赛、棒球赛、篮球赛、足球赛、橄榄球赛、国际象棋比赛、跳棋比赛、强手棋比赛的规则、制度和程序更主观武断、更不可思议吗?

3. 有什么更大的挑战给一个"无限存有"呢?

前面已说过,我们玩游戏,纯粹是为了获得快乐、乐趣、挑战和欣喜,不管那些游戏乍看之下有多么不可思议,或者有时候玩起来有多么难。意义就在这里,而不在游戏的详细玩法。为了训练、观看和参与各种游戏,人们花费了大量时间、精力和金钱,并且认为游戏是正当活动。那么游戏对于更有力量、智慧、丰盛和"真正的快乐"的"无限存有",会有什么不同吗?不会的,除非那个"无限存有"打算玩某个游戏,否则某个游戏会遭到破坏,或者不能保持游戏玩家的兴趣。

或者考虑一下这个问题:为什么会有人情愿离开一个舒适、温暖的家而去体验痛苦、艰难,冒生命的危险去参与像攀登珠峰或飞速驾驶一辆赛车一样的活动呢?

再考虑一下这个问题:想象你是一名建筑师,你受聘为一个客户设计一座极好的建筑。你在想象当中构思那座建筑,然后草拟出计划。这个过程很有趣,也很有好处,但更让人兴奋的是看到一座三维的建筑实实在在地矗立起来。投入"人性游戏"的建构思想,看着它立体式地、真实地显现,然后实实在在地去玩这个游戏,其中的挑战、快乐和回报是巨大的。就让这个思想慢慢孵化吧。现在我来给你提供更多的游戏拼图。

下述情况你也许体验和感受过："好吧,也许我接受'人生是游戏'这个思想;但为什么有人会选择在玩'人性游戏'时去体验诸如虐待、生病、贫困、挣扎、挨饿、强暴、谋杀和死亡(在个人生活中),或是失败、破产、贪污或遭遇解雇(在'商业游戏'中)这样可怕的事情呢?我可不认为这些事有什么乐趣可言。"

在下面的章节里我会详细讨论这一点。但现在,让我和你分享几个思想:你的"大我"在上述的恐怖体验里看不到任何恐怖,而对参与"人性游戏"却是兴致盎然,不管在幻想的游戏场所之外上演着怎样的故事。"真正的你"知道上述那些体验不是真的,只是游戏而已。

让我来和你分享一个能说明问题的比喻,来帮助你真正明白这个思想,我称之为"影院拐杖"。想象你正坐在影院里看屏幕上播放的电影,这部电影让你非常不舒心。想象在你看到的场景里,有一个男人、一个女人,还有一个孩子。

现在想象就在那家影院的后面,靠墙而立的是扮演场景中那个男人的男演员、扮演女人的那个女演员、扮演孩子的那个小孩,还有那部电影的导演、合成艺术家、特效工程师。我们就管这一群人叫制片小组吧。

当你在座位上不安地看着电影时,制片小组在做什么呢?在庆祝!他们知道你看到的一切都不是真实的;他们知道那都是虚构的；他们知道那只是个故事；他们知道实际上并没有人生病、受伤、受虐、出生、死去，或是赚了百万美元。既然他们并不把银幕上的事情当真，也不在意故事的进展，所以他们就能自由自在地庆祝他们对如此有效的一个幻象做出了创造性的贡献。

制片小组的体验和感受，和你的"大我"玩"人性游戏"时，还有你获得彻底解脱时的体验和感受是相似的，然而，由于你很快就会明白的原因，因为你深深沉浸于幻象和判断之中，也因为一切对你来说太过真实，所以能够以那种视角生活就几乎是不可能的——至少现在是这样。这就是为什么我称我刚分享的比喻为"影院拐杖"，我们在腿部受伤时使用拐杖来支撑身体，直到伤腿再次可以发挥机能。一旦你的境界达到了直接体验和感受我刚分享的真相的阶段（你会到达这一阶段，如果你踏上这一游戏旅程），你也会抛弃"影院拐杖"。但现在"影院拐杖"能在某种程度上支持你。

你的"大我"知道"人性游戏"的所有体验都是用来创造游戏和游戏场所的。"大我"也知道你所有的体验和感受仅仅对于那沉浸在游戏当中并相信一切为真的游戏玩家而言是真实的，并且是可怕的。这就是"人性游戏"的全部意义——使一切看起来是真的，而实际上却不是。

使幻觉显得真实是设计"人性游戏"的最大挑战。然而除了显得真实以外,"人性游戏"还得迷人,并且能够保持我们的兴趣。就以索尔·斯泰因为例吧,他是一位大师级的编辑,编辑了我们这个时代一些最为成功的作家的作品。对于真正迷人的虚构作品的编辑艺术,他写道:

> 在美国,当棒球、橄榄球或是篮球赛季处于高潮时,相当一部分男人,还有为数不少的女人,常常专门请假,在电视上看他们喜欢的球赛。比如说,棒球迷希望看到的,不管他意识到了这点还是没有,是当球被打出去却还没被接住时的那些紧张和充满悬念的时刻,是当球员跑向另外一个垒却还没有到达的时刻。看球赛的人为他心目中的英雄喝彩时,体验和感受到的是紧张、刺激、焦虑和高兴的心情,这一切也是小说读者翻开一本小说时所希望体验和感受的。读者正在享受的是期待和兴奋,这在现实生活里是令人担心的,而在小说里或是棒球场上却是一件令人高兴的事。⑤

"无限存有"在玩"人性游戏"时也会有相同的体验。我们也想亲身感受紧张、刺激、焦虑和高兴的心情,斯泰因接着说:

> 但是试想当一支球队——甚至是我们为之喝彩的球

队——轻易获胜,那么我们观看球赛所获得的快乐就会减少很多。看球赛的观众所最为享受的是两支旗鼓相当的球队之间的竞赛,是一场结局直到最后一刻还一直悬在时间天平上的球赛。⑥

斯泰因睿智的评论说明了第一阶段的生活并不完美的原因,也说明了我们因而会在日常生活中体验和感受起起落落、挑战、冲突和抵制的幻觉——包括在"商业游戏"里,当我们追逐兔子时。

当你作为"无限存有"开始这个游戏旅程,且"人性游戏"第一阶段的目标就是限制自己并相信你正处在"真我"的反面时,那么你所遇到的情况并不会很好。你一定会遇到问题。如果仔细、客观地审查的话,那么情况甚至让人搞不懂。许多时候你并不舒心。

正如我们在下一章里将要详细讨论的,在实现目标、实施计划和策略,以及满足你最深切的商业欲望的过程中,你会遭遇阻碍和抵制。这一定是在第一阶段常有的事。一种缺失感和错误感会挞伐你,要么大声地,要么小声地。为什么呢?因为这就是第一阶段的全部意义——就是使作为游戏玩家的你相信,你正处在"真我"的反面。如果你的目标是限制,那么你的境界就不会发展。如果你的目标是束缚,那么你的心胸就不会开阔。第一阶段的"人性游戏"就是这么玩的。

重点：

为了使第一阶段的"人性游戏"得以开展，就必须隐藏、扭曲、歪曲所有的真相，以便你可以避开它们，也避开你的力量、智慧、丰盛和"真正的快乐"。

我们讨论过，第一阶段的"人性游戏"，目标在于使你自己相信，你正处在"真我"的反面。因此无论何时，如果有人试图教你"人性游戏"涉及的方方面面，以及教你如何为了获取最大利益而去玩第一阶段的"人性游戏"，那么他一定是扭曲、歪曲或有意忽略了某种重要的东西。

此外，为了使你自己避开你的力量、智慧、丰盛和"真正的快乐"，还有有关你的"真我"的所有真相，就得有意破坏、扭曲和歪曲与那些说教一起提供的技巧，以便使它们不再管用——或者不能一直管用，或者根本不管用。

如果你接受了本书结尾处给你提出的挑战，并且通过我为你开启的通道跃入第二阶段，那么你将会随处看到这一点——在自立文学、成功文学、产品销售和市场营销培训、人力资源培训、理财之道、玄学、神秘主义、科学、宗教等方面。

你将会审视别人给予你的说教，跟踪它，说："对，对，对，哦……"并且你将确切地明白问题是在哪里被扭曲、被歪曲、被破坏和被忽略的。这个审视的过程会很迷人、很有趣。

许多老板和员工使用自立技巧来改变、稳定、扩大他们的生意，所以我在这里要举其中的一个例子来说明我刚提出的一个观点。在学习被称作视觉化的流行自立技巧时，人们教给你的是，你有着无限的力量，你可以实现任何你想要的结果，只要你在心目中重复去看那幅你想要的结果的生动图片。

不错，你在本然状态下是有无限的力量。然而按照设计，进入那个力量的通道，在"人性游戏"的第一阶段就被堵死了。不错，你的"大我"可以创造出任何他/她想要的东西。然而在你作为游戏玩家时，那个过程并不会自动出现在你的心中。那个过程会出现在你的"大我"的心中，用的是一种神奇的、创造性的方式，这一点我将在第五章和第六章里讨论。

诸如视觉化、肯定自己、展示技巧、吸引法则等自立工具，还有其他的流行自立技巧，在第一阶段的创造中都是了不起的。为什么呢？因为我们创造了这些工具或技巧，我们认为它们都是真的，并且可以使用它们。但是这些工具或技巧并不会一直管用（如果不是根本不管用的话），反而会给我们带来困惑、挫败和种种限制，而这却大大强化了第一阶段的目标。

正如我在本书《导言》部分所提到的，我用自己早年的自立经历创造了一种原动力，那时我正处于第一阶段。当时我对许多真相都有着清晰的观点，但为了玩第一阶段的"人性游戏"，我不得不歪曲真相，使我的成功体系显得不可靠并且最终失败，也就是把自己锁于局限和束缚当中，直至做好了进入第二阶段的准备。

"人性游戏"第一阶段的设计目的,就是为了带你到达这样的地点,在那里你会感到:

- 玩以前的游戏所带来的巨大的挫败感和痛苦。
- 一种失落感,好像某件事出了差错,而生活中还有更多的事情必须去做,好像另有一件事发生了,而你却一无所知。
- 一种想要了解和体验真相的强烈愿望。

以很高强度到达那个点,是你为进入第二阶段做好准备的标志之一(或者至少是拓展了思想,从而使你看到在去往那里的路上,你能做些什么)。

重点:

第一阶段的部分策略涉及诱使你自己相信你能改变事情,稳定局面,改善事情,使事情顺利进展,得到你想要的一切东西,并获得财富、成功和幸福。然而按照设计,在你玩第一阶段的"人性游戏"时,这一切永远不会发生。这就是为什么它实际上也从未发生过,尽管我们有相反的幻觉,尽管所有商业、自立、成功、个人成长、精神方面的专家声称你会得偿所愿。这是一个微妙但很重要的区别,你需要理解。

这就是在"有形的代价"之上总有"无形的代价"需要付出的原因——当你按照你学会的游戏规则和制度去玩第一阶段的"商业游戏"时。为什么呢?因为你在第一阶段所做的一切事情，不管表面上看起来怎么样，或是你究竟要来讲述什么样的经历，最终只会加强并锁入第一阶段局限和束缚的原动力，相信幻觉是真实的，而在这个幻觉里面，你处在"真我"的反面。这有点儿像身陷流沙之中，你越是挣扎，流沙就把你抓得越牢。

我们来分享一个故事，好把这个观点说透彻。当"蓝海"软件公司被卖给软件巨头英图特公司后（所有的钱已得到了转移和分配），我想和我的妻子分享一下，于是我来到当地一家酒类专卖店，问道："你们销售的香槟，哪一瓶最贵？"随后店员带我到一个专门的房间，该房间必须用钥匙开锁才能进入，人家给我看了一瓶陈酿的"路易斯王妃"牌系列香槟之一的"水晶"香槟。你猜标价是多少？850美元。

我买了那瓶酒，小心翼翼地带到车里。在开车回家时，我用右手握着瓶颈，以防酒瓶从副驾驶的座位上滚落。而且，在我驶入车道，从座位上提起那瓶酒，准备起身往外走时，酒瓶突然滑落在水泥地上，摔了个粉碎！为什么我要分享这个故事呢？因为在第一阶段，我甚至不能做到使自己完完全全地享受和品尝一次像以1.77亿美元的价钱出让"蓝海"软件公司这样的巨大成功。

记住，无论何时你决定玩游戏，不管是国际象棋、跳棋、橄榄球、篮球、赛车、登山，或是别的什么，你都得按规则来玩，你得遵守游戏规则并尊重游戏程序，否则你就无法玩那个游戏。

在玩"人性游戏"时,你所体验和感受的真正的力量、真正的丰盛、真正的智慧和真正的快乐不会回来,除非你有机会玩第二阶段的"人性游戏"。我将告诉你如何玩第二阶段的"人性游戏"。也正是在第二阶段,通道打开了,使你可以彻底从"商业游戏"中解脱出来了。在我给你打下坚实的基础之后,这将在后面的章节详细讨论。

当你做好了准备,要发现更多有关"人性游戏"第一阶段的真相时,以及发现"真相"是如何直到今天一直在塑造着你的生意时,请翻过页,开始读第三章吧。

---

① 凯蒂·戴维斯,《觉醒的欢乐》,美国觉醒精神出版,1993年版,第171页。
② 内维尔·戈达德语,《七嘴八舌》一书,美国芝加哥:拉根通信出版社,2004年版。
③ 芭芭拉·杜威,《创造中的宇宙》,美国加州因弗内斯:巴塞洛缪图书出版社,1985年版,第92页。
④ 同上,第86页。
⑤ 索尔·斯坦因,《如何写一部小说》,美国纽约:圣马丁出版社,1999年版,第8页。
⑥ 同上,第10页。

第三章　幻想工厂

将来肯定有一天，我们将会理解这一切的核心思想，它是那么简单、美丽、迷人，我们彼此都会说："哦，情况要不是这样，又会是怎样呢？"①

——物理学家　约翰·惠勒

真实的事物和想象的事物之间的区别不是很好保持的……现存的一切事物都是想象的。②

——物理学家、诗人　约翰·梅肯兹

我想描述另外三个比喻，它们能帮助你理解"人性游戏"的本质，并且为你在第五和第六两章里进行科学的证明做好准备。前两个比喻是联系在一起的，并且围绕着游乐场和电影。

游乐场是一个专门设计来给人们提供驾乘和参与趣味项目（游戏）的地方。以迪士尼乐园为例，它包括未来世界和动物王国，所以那里也有许多深度研究和探索教育类话题的机会。

你去游乐场是自愿选择的，没有人拽着你去或是强迫你去。一般情况下你是和熟人一起去的。你体验了吸引你的驾乘和趣味项目，而忽略了那些并不吸引你的项目。你何时到来、何时离开全凭自愿。你可能只去一次，也可能去多次。现在我请你把这个世界，或是被称作物理的宇宙，或是三维现实，当作一个巨大的游乐场。

我曾提到，如果你是一个"无限存有"，打算要玩游戏，那你不是什么游戏都玩得了的。你会从内心感到厌烦。就像是一个职业篮球队跟一个八年级学生篮球队打比赛，那将没有任何挑战、意义、乐趣，也不是真正的比赛。如果你作为一个"无限存有"，要玩游戏的话，那这个游戏就必须是终极的游戏。它必须相当复杂，而且有着巧妙的设计，能保持你的好奇心、挑战欲，并能使你在观看比赛时一直坐着不离开。这可不是什么简单的任务！

因此我来继续说这个比喻吧。为了玩"人性游戏"，就必须创建一个巨大的游乐场，提供许许多多复杂的驾乘和趣味项目（游戏）。在那个游乐场里，最为受人欢迎的趣味项目，就是"商业游戏"。然而，不像迪士尼乐园那样的游乐场，人们在其中玩"人性游戏"和"商业游戏"的游乐场，设计的目的是提供少有的一种驾乘和趣味项目（游戏），我称之为"纯体验式观影感受"。

我们稍微说说好莱坞的电影吧。在好莱坞的电影里，任何事物都不像表面上看起来那样。每个场景都经过了仔细的剪辑和策划，然后才存入胶片。所有场景都得经过最后的剪辑，除非那个场景恰好有助于按照制片人预先设想的方式讲故事。每个方面都经过了仔细的加工，以便能对你产生具体的影响——让你哭、笑、敞开心扉、惊叹或敬畏，等等。

好莱坞的电影，一切看上去都是真实的、丰满的，而实际上却不是。电影里的一切都是虚构的、都是幻想的，而电影的特效使得幻觉延伸到了一种令人难以置信的程度。当你坐在电影院里时，你知道自己所看的只是幻象，但是你却把这个认识暂时悬置起来，以便你可以得到娱乐。如果你走到幕后去看电影是如何制作出来的，那些道具实际看起来是怎样的，那些特效是如何制作出来的，在剪辑室里发生了什么，然后你看看你在银幕上看到的最后剪辑效果，并比较幕后你所看到的，那么电影制作的复杂性以及其中涉及的时间、精力和努力会令你感到吃惊。如你所知，好莱坞制作的幻象是绝对可信的，而且也必须可信。如果不是这样的话，我们会中途走出影院，不再看下去，或者一开始就拒绝在看电影上花费我们辛苦赚来的钱。

这一切对于你的生意和你所玩的"人性游戏"是一样的。在你所看的电影里，事情都不是表面看到的那样。在你看到之前，每一个场景都经过了仔细的策划和剪辑。在你看的电影里面，什么也不会结束，除非它能很好地支持你准确地体验到你想体验的"人性游戏"。在你的电影里面，什么也不是随意的或偶然的。一切都是按照能支持你的确切方式创造的,支持你确切地按照你所希望的方式玩"人性游戏",不论你在那个时刻如何判断和标示它。人们仔细设计这个游戏,目的在于对你产生具体的影响——限制你,束缚你,使你相信你正处在你的"真我"的反面,并且说服你接受那种"纯体验式观影感受"的真实性。

和好莱坞电影里面的一样,在你的世界里,一切看起来都是真实的、丰满的,而实际上却不是,一切都是虚构的。你的五官所感知的一切都是一个幻觉——所有道具和特效都是设计来创造另外一个能让你玩"人性游戏"的现实,而且你个人的特效也会使这个幻象延伸到令人难以置信的程度。

如果我带你到幕后去看"纯体验式电影"在"人性游戏"的游乐场里是如何制作的,那么其中涉及的电影制作的复杂性,以及需要付出的时间、精力和努力,同样会令你感到吃惊。情况就得是那样的。创造出来支持你玩"人性游戏"的幻象必须是绝对可信的,否则"人性游戏"会突然结束,在看到一个没有意思、制作拙劣的电影时,那个相对应的你会中途离开影院。

你往下翻看这本书,将会看到,要使"人性游戏"和"商业游戏"显得真实,那么就得要求有很难制作的特效,那种特效就连好莱坞的所有特效和动画制作师都自愧不如。

好莱坞电影,往往要花费数百万美元,涉及成百上千的人,还得用上极为复杂和昂贵的设备和计算机。从电影开拍到最终搬上银幕，有时候还得花费数月，甚至数年时间。为什么要付出如此多的时间、精力、努力以及金钱呢？"为了商业。"你也许会说。不错，但是好莱坞赚到钱之前必须做哪些事呢？你必须得到娱乐，对吧？而且为了让你得到娱乐，必须做哪些事呢？你必须感知某个东西。

几乎我所认识的每个人都喜欢看电影。如果你出于某种原因不喜欢的话，那么跟着我的思路，你也会得到我想要阐明的"宏大图景"的观点。为什么有那么多人喜欢电影呢？当我问人们时，他们大多以下面一个或多个评论作答：

1. 电影能给人带来乐趣，让人开心。
2. 电影能让人暂时忘却现实。
3. 电影能使你看到不同的观点。
4. 电影能使你拥有超越常规的独特体验和感受。

联系我们在本章的讨论，这都好懂，是不是呢？然而在这些见解的表象之下，是一个没有多少人能揭开或完全理解的秘密。这个秘密就是感受。我们喜爱电影，是因为电影在我们心里所激起的感受。事实是，我们并不真正在乎银幕上的人物活动，我们只关注银幕上的人物活动给我们带来的感受！

顺便说一下，这也是我们喜欢读书、玩耍、看比赛、听音乐、看戏剧、玩电子游戏、乘坐过山车、跳伞、爬山、蹦极、商业、实现目标或是解决生意上的问题等的原因。这总是跟感情有关。外在的体验和感受只是在一定程度上有重要作用，那就是它能激起我们内心里对于某个事物如此热爱的感情。

想想一件你真的喜欢去做的事情——一个你喜欢参与或观看的游戏，一个在你生意中你喜欢去完成的任务，一个在你生意中你喜欢享有的体验，一件你觉得特有趣的事。然后问自己："为什么我那么喜欢它？它的吸引力到底在哪里？"你将会明白，你真正喜欢的，其实是你内心里产生的东西，即感受，而外部产生的东西只是那些感受的诱因。

"人性游戏"也一样。"人性游戏"本质上都是关乎感受的，你那"纯体验式电影"在银幕上所发生的一切，都只不过是一个诱因，来激发你产生某种感情，支持你作为一个"无限存有"，在"人性游戏"的游乐场里随心所欲地玩游戏。

重点：

从本质上说，电影、"人性游戏"和"商业游戏"都是关乎感情的，跟思想、逻辑或智力无关。"无限存有"是具有感情的"生命"，而不是具有思想的"生命"。

为了加深你对这个重点的理解，我再举一个例子吧。我从来都不是棒球的铁杆球迷，但有一次我和一个朋友聊天，这个朋友对棒球非常痴迷。我说："我更喜欢橄榄球，因为打橄榄球要求的活动量更大，而且跑起来速度更快。对我而言，棒球又慢又无聊。你为什么那么喜欢棒球呢?"

"棒球主要是一个精神游戏,"他解释说,"乐趣来自观看各种可能性。每当一件事情发生——不管是好球、坏球、界外球、触击球、一垒安打、二垒安打、三垒安打还是全垒打,它都能创造出一系列崭新的可能性。观看那些可能性和'要是……那会怎么样'的活动场景是乐趣的来源。"

"人性游戏"的设计是以相似的方式来运作的。它也是有关探索"要是……那会怎么样"的场景的,因为每当一件事发生在你的生活里、你的生意上,或世界上任何地方,一切都会随之改变,也就有了一系列新的可能性需要你在探索和参与各种"人性游戏"的过程中去体验。这只是使我们保持兴趣、想要继续玩"人性游戏"的一部分要求。

事实上,如果回顾历史的话,你就会看到无论何时,当我们开始关注一个新的游戏时,我们都会探索无限多种"要是……那会怎么样"的场景,好像通过这个游戏,一个强有力的显微镜被带来,使我们看到了各种能够实现的可能性。举个例子,我刚看了《冲浪的巨人》这部电影,讲的是"在大浪中冲浪"这个游戏项目的由来。这是一个很迷人、很有力的例子,能解释我们对于游戏的探索和参与,是如何随时间的推移而拓展和演化的。

现在,该说最有趣的部分了。当身处影院时,你只是在看电影。你也许会深深沉浸在故事当中,而且对于剧中人物耳熟能详,但你仍然知道你是你,你仍然知道你是在影院里,你知道电影里的故事并不是真的,你知道电影中的人物行动发生在身外的世界里。而当你能够理解故事中人物的感受时,你就不是他们了,你也不能获得他们的实际体验。一言以蔽之,在你和发生在电影里的人物体验和感受之间是有距离的。

然而当你玩"人性游戏"的时候,你并不只是观看,你完全沉浸在故事当中了。想象你坐在影院里,看一个电影场景在银幕上上演,你穿过银幕进入了那个场景,忘记了自己的真实身份,实际上你暂时成了电影中的一个角色,并且相信自己就是那个角色,还相信电影中的其他一切人和事都是真实的。这就是我说的"完全沉浸"的意思,也就是你玩"人性游戏"时会发生什么。

现在我们来看看好莱坞电影是如何制作完成的,然后我们要回头看你那"纯体验式"的"人性游戏"是如何设计的。好莱坞电影在拍摄之前,先得选择一个有意思的主题。电影必须是关于某个事件的。其中必须有个某人想探究或讲述的故事。得写出剧本,其中包含故事情节如何展开的细节。之后得聘请导演、演员、工作人员,然后才能开始拍电影。整个故事完成时,拍摄阶段就告一段落。

"人性游戏"也是一样的。在"人性游戏"的游乐场里,你必须选择具体的骑乘和趣味项目,以便借以写故事,并获得"纯体验式观影感受"。我称这为使命或人生目的。我说的骑乘和趣味项目是什么意思呢？你在物理宇宙所体验和感受的一切，不管是有形的还是无形的，其实都是某个骑乘或趣味项目，包含在我所描述的模型里。

如果你正在扮演父（母）亲的角色，那么它就是游乐场里的一个骑乘项目。如果你是一家公司的员工或老板，那么你的工作和你的公司就是趣味项目了。如果你喜欢参与或观看诸如橄榄球、高尔夫球、网球或篮球之类的比赛，那么参与或是观看这些比赛，就是骑乘项目了。我早已解释过，"商业游戏"就其复杂性和壮观性而言，只是其中一个骑乘和趣味项目。在你称为"世界"的地方发生的一切，不管是对你还是对任何其他人，到处都能看到"商业游戏"。

从比喻意义上说，你选择了具体的骑乘和趣味项目借以获得"纯体验式观影感受"之后，就得创作剧本，其中详述当你在"人性游戏"的游乐场里时，你的游戏体验和感受是如何展开的。就像在好莱坞电影里，导演以"大我"的方式，受聘在幕后监视你的"纯体验式观影感受"。然后是一群演员受聘来扮演你"人性游戏"冒险经历中大大小小的角色。拍摄开始，相当于你的出生；拍摄结束，也就相当于你的死亡。

现在快速回顾一下我们提到的重点。你在电影银幕上看到的一切，是许多方面的综合效果，包括作者的意图、制片人的决定、导演的视野和情感对于所提出的项目的总目的，还有各种演员的能力对整个拍摄过程有怎样的帮助。换句话说，你在电影银幕上看到的，是你所看不到的大量创造性活动的最终表现。然而，正是那些看不到的创造性活动，才是在你面前展开的故事的真正缘由和来源。正是那些看不到的创造性活动，才是我祖父在我12岁时让我大开眼界的事物。也正是那些看不到的创造性活动，才是我花费几十年时间力求理解并发掘的事情。我们将在下文探讨那些活动。

这一章我想和你分享的最后一个比喻是太阳和乌云的比喻。正如我们曾讨论过的，"真正的你"是一个拥有无限力量、无限智慧、无限丰盛，而且真正快乐的"存在"。拿这个和太阳进行一下比较吧。当你想到太阳时，你会想到巨大的能量、力量、光明以及热量，对吧？

然而，玩"人性游戏"时，你却必须创造一些幻象，并相信你正处于"真正的你"的反面，就是说，相信自己只是一个受着很大限制和束缚，且脆弱、软弱、可怜、虚弱、无力的人（在某种程度上，或在你生命里的一个或多个方面），这个可怜的人被人们、环境以及他无法控制的事情抛弃了（包括纳税服务、经济形势、股市行情、竞争对手、员工等）。你做的所有事情是使你自己相信，你正处于"真正的你"的反面，这就像造出一团乌云，使他们挡在太阳前面，并相信，没有太阳，乌云是真实的，而且那里除了乌云以外，什么也没有。

下面的插图形象地说明了这一点。

我们延伸一下这个比喻的意思，如果外面是多云的天气，那太阳还在闪耀吗？是的。当飓风刮起的时候，那太阳还在闪耀吗？是的。如果在下雨，那太阳还在闪耀吗？是的。如果你所在的地方是夜晚，那在别的地方太阳还在闪耀吗？是的。不管在我们的地球上发生什么，太阳总是在闪耀。

对你来说也一样。不管在你的生活中或生意上发生了什么，也不管你的处境看起来是怎样的，"真正的你"是不会改变的——代表"真正的你"的太阳一直在闪耀着。你仍然是一个"无限存有"，是一个有着无限力量、无限智慧、无限丰盛，而且真正快乐的"存在"。

你创造代表"真正的你"的太阳、做遮挡物的乌云，是为了把知识和经验，以及你生活的那个受限制、受束缚的世界，向你自己隐藏起来（为突出效果以深色表示）。

不能使你的"无限可能性"离开。你所能做的就是创造一个它已离开的幻觉（做了遮挡物的乌云），而且相信那个幻觉是真实的。在第四、第五和第六章里，我将给你具体解释如何来做。在后面的章节里，我们将会回到太阳和乌云的比喻上，因为这是使你走上彻底摆脱"商业游戏"道路的关键所在。

当你做好了准备，要进一步发现有关"人性游戏""商业游戏"、幻象以及我们设计的游戏场所的真实本质的更多真相时，请翻过页，开始读第四章吧。

---

① 约翰·惠勒语，引自约翰·霍根，《科学的终结：在科学时代的微光下知识的局限》，英国伦敦：阿波克斯出版社，1998年版，参考网址：http://suif.stanford.edu/~jeffop/WWW/wheeler.txt。

② 内维尔·戈达德，《规律与承诺》，美国加州玛丽娜·戴尔·雷：达沃斯出版社，1961年版，第44页。

第四章 抛锚

最悲哀的历史教训之一是：如果我们被欺骗得太久，那么我们会倾向于拒绝任何可以揭穿骗局的证据。①

——卡尔·赛根

人类致力于在"迷思"之中逃避，为做到这一点他会不择手段。毒品、酒精或谎言。由于不能够回归本我，他就伪装自己。谎言和错误给了他片刻的舒适。②

——让·科克托

如果你有一条船，不管是帆船、机动船、快艇，还是巨大的游轮，若想要它停留在某个具体的位置，你就要使用一个或多个锚锭。锚锭能使船停留在你想要的位置，不管是你还是自然界的力量，费多大的劲想要使它移动都不行。与之相似的是，为了使你被锁定在"人性游戏"的第一阶段，你创造并使用你自己的锚锭。在本章中，我将讨论那些锚锭的实质，指出虽然表面上看起来是真实的，但它们实际上是谎言和幻象。

在第二章里，我曾经解释说，在"人性游戏"的第一阶段里有两个目标：

1. 为了使你相信那虚幻的"人性游戏"竞技场，也就是所谓的物理宇宙（你的"纯体验式观影感受"）是真实的。

2. 为了使你相信，在那个幻象中，你正处于"真正的你"的反面，就是说，在一定程度上，你是弱小的、无力的、贫穷的（一种或多种方式）、脆弱的，并且任由你无法掌控的外部力量所支配。

当这两个目标得以实现时，我称之为实现第一阶段的奇迹。为什么我要称之为奇迹呢？因为它就是奇迹！为了使你相信那个幻象是真实的，而且在那个幻象中，你正处于"真正的你"的反面，这可是一个非常令人惊异的成就，这一点有一天你将会亲眼看到、亲身体验和感受到，如果你跟随我踏上这一游戏旅程，并能彻底解脱的话。

为了实现第一阶段的奇迹，你必须尽早进入角色。游戏玩家开始"人性游戏"的实际时间点，科学、心理学和玄学从各自的角度出发都有着不同的见解。有些人说当我们离开母体成为婴儿，开始第一口呼吸时，"人性游戏"就开始了；有些人说"人性游戏"在母亲怀上我们时就开始了；还有些人说"人性游戏"开始于母腹中的胎儿发育到一定阶段和有了一定程度的意识时。

对我而言，所有这些看法（还有其他看法）都有可能，而且可以被我们的"大我"当作原材料，用来撰写"纯体验式观影体验"的剧本，以及用来实现第一阶段的奇迹。不管起点从何时开始，它终归是从童年开始的。从那一刻起，下面是我们会做的事情：

- 我们创造幻象（在第六章里我将解释我们是如何创造幻象的）。
- 我们促使自己跳入这些幻象之中，并且完完全全沉浸其中。
- 我们看着这些幻象，和它们相互作用，然后用这些幻象来欺骗自己（我们会给自己讲述一个故事，这个故事强化我们与"真我"截然相反的这一关系）。
- 我们一次次这样做，使用每一种任我们支配的资源，或是从我们自身的独特视角和感受，或是来自表象上的我们的外部（父母、兄弟姊妹、教练、老师、朋友、同事、老板、员工、**警察**、媒体、自然力、经济、股市、税务当局，等等）。
- 我们重复着那个过程，直到我们完全相信幻象是真实的，并且在幻象里我们正处于"真我"的反面。

重点：
儿童时代和成长的真正目的是帮助实现第一阶段的奇迹！

这里有一些简短的例子，可以具体说明我刚分享的内容。作为第一阶段的奇迹的一部分，我们创造了在我们的

"纯体验式观影体验"中如下类型的场景：

- 飓风、龙卷风、地震、火灾、海啸等，以使我们（和我们的财产）显得似乎渺小、无力且脆弱。

- 伤风、流感、病菌、病毒、癌症、心脏病、艾滋病、性病以及其他疾病，以使我们感到脆弱，处于风险之中，并且无力应付当我们玩"身体游戏"时（这是"人性游戏"下面的一个分支游戏）。

- 经济衰退、情绪低落、贪污、盗窃、商业间谍、员工跳槽到竞争对手公司、我们实现目标过程中所遭遇到的阻碍和抵制、工作无效率或偷懒的或不诚实的员工、新技术、咄咄逼人的竞争对手的行动，等等，以使我们感到渺小、无力、担心、禁不住压力、脆弱的（当我们玩"商业游戏"时）。

- 股市崩盘、地产泡沫破裂、银行倒闭、保险公司倒闭、信用危机、丧失抵押品赎回权，等等，以使我们感到渺小、无力、担心、禁不住压力、脆弱的（当我们玩"金钱游戏"时）。

- 其他人向我们说谎、伤害我们的感情、辱骂我们、离开我们、抛弃我们、辞职、在性方面对我们不忠、对我们小气或残忍、对待我们不公，等等，以使我们感到渺小、无力、担心、禁不住压力、脆弱的（当我们玩"人际关系游戏"时）。

- 战争以及其他国内、国际冲突，其中许多是意想不到的袭击（像珍珠港事件和9·11事件），以使我们感到渺小、无力、脆弱的。

随着第一阶段奇迹的幻象"机器"不停地运转,这样的情况就一直继续着!

现在我再来分享一些如何实现第一阶段的奇迹的详细的例子。在本书《导言》部分,我讨论了我的祖父阿龙·沙因费尔德。在职业生涯的早期,即在他创建万宝盛华公司(当时他58岁)很久以前,祖父是一个成功的律师。然而,和许多其他人一样,他陷入了1929年美国股市大崩盘前人们对于股市的乐观预测中。那时候,他在财务上扩张过度,靠着借来的钱做交易(保证金借债)。

股市崩盘时,他失去了一切,而且负债累累。祖父不愿像许多人做的那样宣布破产,而是坚持偿还了所有债务,还付了利息,不管这会花费多长时间。然而,作为一个在"大萧条"时期的执业律师,当时他的许多委托人都不能付费给他,所以他不得不和他们进行物物交换,准予他们赊欠费用,有钱再付。他做了些无偿的、专业性的工作,以期待有朝一日他们能够回报恩惠,等等。简而言之,祖父和家人在整个"大萧条"时期经历了极大的挣扎和困苦,而且由于他决定还债付息,还使这些挣扎和困苦加重了。

祖父最终度过了那个挣扎的时期,他连本带息偿还了所有的债务,并积累了巨大的财富,而且最终也彻底摆脱了"商业游戏"。在没有落下多少"伤疤"的情况下,他做到了那一切。然而,对他的妻子,也就是我的祖母西尔维娅,还有他的儿子,也就是我的父亲来说,情况就不同了。对他们来说,或许与成年或孩提时感受"大萧条"的人一样,"大萧条"给他们留下了永久的"伤疤"(第一阶段的奇迹)。

在"大萧条"结束后的几十年里,甚至在有条件享受巨大的财富的时候,我的祖母仍极其节俭,绝少允许自己在奢侈品上花钱,偶尔为之则会常常感到内疚。为什么呢?因为"你可能在瞬间垮台并且失去一切"这一想法从未在她的脑海里削弱或消散过。

在"大萧条"结束后的几十年里,我父亲已经为自己积累了巨大的财富,但直到81岁去世的那一天,他从未觉得自己在经济上是安全的。他总是忧心忡忡,并被驱使着去累积越来越多的财富,以便他可以觉得更安全些。为什么呢?因为和我祖母同样的原因!

让我在这里和你分享另外一个故事,来说明我们如何以别的方式实现第一阶段的奇迹。在本书《导言》部分,我提到了我在"蓝海"软件公司的经历,这是我在第一阶段最成功的创业经历。为了给我们在更高层次的生意增长和成功助力,我们做出了使公司上市的决定。我们决定,如果让公司上市,那么我们要找到最佳的合作伙伴。

由于我们的公司发展飞速并产生了非常丰厚的利润,所以有意向的加盟者垂涎三尺,想要和我们合作,而我们挑选合作伙伴是有条件的。于是,我们就和其中一个最受推崇、声誉最好的风投公司成为了合作伙伴。随后这家公司促成了我们与一位最好的投资银行家达成合作。我们成立了由来自软件公司管理层的一些最显赫的头面人物组成的董事会。我们的财务是由最权威的一家会计师事务所审计的。

当我们带着极高的估值,一天天走近公司上市那个令人神往的日子时,一切似乎都被安排得井井有条。但随后我们就见证了被人们称为"技术股崩盘"或"互联网泡沫破裂"情况的发生。公司的发展势头仍然持续着,但我们的合作伙伴不想让我们在这样的情况下降价出售我们公司的股份,于是就建议我们推迟公司上市,直到市场恢复正常。我们不需要那么多钱,所以我们就推迟公司上市,继续我们眼下的生意,直到我们的风险投资伙伴促成了我们和英图特公司的联合,最终我们以1.77亿美元现金出售了公司。

这一虽经周密计划却没有达到预期效果的事例,或者说,这一不知是何原因造成计划受阻的灾难,是实现第一阶段的奇迹过程中的常见经历。在上述例子中,你可能会说,结局仍然很美满,因为以极高的价钱售出了我们的公司。但多数时候,当第一阶段的奇迹快要实现的时候,却会产生一个不幸的结局。甚至在这个例子中,如果我们及早上市的话,所有持股人和有优先认股权的人本来是能够赚到更多钱的。许多人原本可以留在公司里,但他们在公司被并购后,最终选择了离开，或由于和英图特公司的管理团队合不来而被辞退。

这里还有一个例子。在第一阶段，在离开公司以创业者的身份独立去创业之前，我有很多生意上的经验，作为推销员、销售经理、公关经理、地区经理和市场部副主管，我都取得了不俗的成绩。但后来，在非同寻常的情况下，我遭到解雇、下岗、降级、谴责，看起来原因是我越过了一位没有安全感的上司直接与公司高层对接，不恰当地使用优股权补偿了我对公司做出的贡献（后来查清事实并非如此，我也得以正名）等。当时，"大我"把我锁在我个人的第一阶段的奇迹里。

我在2008年11月写这一章时，一股第一阶段的奇迹的幻象的巨浪正在"商业游戏"的内部翻滚。六个星期以前，美国股市崩盘了，随后是别的国际市场发生了类似的崩盘。自那以后，股价持续下跌。房地产的价格降到了历史最低点。银行信贷已经枯竭，给几乎各个行业，尤其是房地产业的银行贷款，已经很难得到了。人们正被解雇或裁员。企业和个人都已勒紧了裤腰带，内心充满恐惧。"前景无望"的言论四处传播着，尤其是在媒体上，还有另一次萧条有可能降临美国的说法。

当你考虑我刚分享的有关如何实现第一阶段的奇迹时，你会想起从你自己的生意和个人生活而来的故事和体验吗？

如果是这样的话,事情已经开始为你运转起来,我一直在分享的东西将会得以证明。如果不是的话,我猜想当你继续往下读这本书,然后掩卷遐思时,如果你的"大我"正计划现在或是在不久的将来,使你进入"人性游戏"的第二阶段,这样的思想就会在脑海中浮现。

我们创造了这些幻象,而且在不同的人面前,在不同的情况下,在不同的地方,一再重复这些幻象;然后我们通过媒体上(书籍、报纸、杂志、电视、歌词以及电影)无休止的讨论来强化它们,还通过和朋友、家人、同事的讨论来强化它们,直到砰的一声,第一阶段的奇迹被牢牢锁住,运行良好。

为了把这个重点说明白,想象你是一家博物馆的馆长,该馆正在展出一块古老而珍贵的宝石。你想保护这块宝石,以免它被盗,所以你安装了一个精密的安保系统,带有层层保护措施。你也许已经在肖恩·康纳里和凯瑟琳·泽塔琼斯主演的电影《偷天陷阱》里看到过这样的东西。

首先,要在窗户和门以及自然光投射进来的地方加上防护。其次,在馆内专门的房间里要安装活动探测仪器。再次,还得有看不见的激光束覆盖其他房间。然后还得有一个热源传感器,在感受到体热时,它就会发出警报。最后,在宝石下面,还得有一个重量传感器,当宝石被带离展位时,它会自动发出警报。

我们继续说这个安保系统的比喻,并把这个比喻和前一章说过的那个太阳和乌云的比喻放在一起说,你会发现,在第一阶段里,你制造乌云、谎言,相当于那个多层级的精密的安保系统,使自己远离了"真相",也远离了你无限的力量、智慧、丰盛和"真正的快乐"。那个安保系统有一个层级是,你拒绝接受摆在眼前的"真相",反而觉得它太怪异、太离谱或太勉强。顺便说一下,这就真正解释了,为什么你在现在,或者在阅读本书的整个过程中,或者在听到我分享的模型之后,会感到任何的不适、怀疑、不相信等感觉。

我刚才所描述的也许会——也许不会——让你心里不舒服。不论怎样,这里都有给你的好消息。是什么呢?第一阶段奇迹的幻象、那坚实浓厚的乌云把代表着"真正的你"的太阳所遮挡,还有谎言,它们起到的作用是将你牢牢锁定在第一阶段。

然而,当你到了第二阶段时,所有那一切都变了。到第二阶段,你就有机会使所有那些关系发生逆转。而且随着时间的推移,你会洋溢/拓展到这样一个境界:所有幻觉不再限制你、约束你,或以任何方式给你带来不利的影响。你可以关闭在第一阶段安装的,那个比喻意义上的安保系统。

当你拓展/洋溢到那个阶段时,与"商业游戏"有关的一切,只是你创造了"纯体验式观影"的商业体验来获得纯粹的乐趣,不管你选择的这个体验是什么——而你外在的经济、股市、行业趋势、技术、竞争对手等，看起来正在发生的一切，要么影响不到你——要么会被当作原材料来支持你获得更多的乐趣。比如说，如果在这时你去玩一个股票交易的游戏，而在股市崩盘前你就已卖掉了自己的短期股权，那么这时候股市崩盘的消息对于你来说还是坏消息吗？不，它是一个好消息，还是一种有趣的体验！如果你不再玩股票交易的游戏，那么股价的变化对你有影响吗？没有。如果油价上涨了，而你在玩经营石油的"商业游戏"，那么涨价对你是坏事吗？不是！你该明白我的意思了。

这就是我现在的生活方式和我现在生活的地方——玩我一直感兴趣的"新商业游戏"，毫不理会外界发生的事情。曾经有一段时间，当那么多"商业游戏"的玩家正在体验第一阶段挣扎的幻觉时，我的生意却都欣欣向荣（我所认识的许多第二阶段的游戏玩家，他们的生意也和我的一样）！这将是我们生活的好地方。如果你选择走我在这本书里描述的道路，那么你也可以在那里生活。在下面的章节里，我将和你分享更多这方面的内容。

那看不见的活动，是你所有体验和感受的真正来源，也是目前使你困于"商业游戏"的各种限制当中的活动，也是最终能使你彻底摆脱"商业游戏"的活动。当你准备好了要去发现那看不见的活动的"真相"时，请翻过页，继续读第五章吧。

---

① 卡尔·赛根语,《智慧语录》,www.wisdomquotes.com/003041.html。
② 让·科克托语,《智慧语录》,www.wisdomquotes.com/003017.html。

第五章　小说物理学

现实只是一抹幻影，尽管它从不消散。①

　　　　　——物理学家　阿尔伯特·爱因斯坦

外面，并无"外在"存在。②

　　　　　——物理学家　约翰·惠勒

在上述几章里我已和你分享了许多哲学。也许你与其中一些，甚至是全部产生过共鸣。在你听起来，其中一些甚至全部也许"太勉强了"，或者你很难看到它跟你的生意有何关联，或者跟你如何以实际可行的方式摆脱"商业游戏"有何关联。如果你还不明白，那么你很快将会看到，哲学是"彻底解脱模型"至关重要的一部分。你对这个问题的认识，为在这一章和下一章里将要讨论的前沿科学研究，打下了一个很好的基础。

关于我在这里给你概括和解释的科学研究，现在已有数以千计的图书、文章、简报以及其他文献。对于我们彻底摆脱"商业游戏"这个目的，这些科学研究当中大多数既没必要，也不适合。因此我将简要概括一下重点，然后我们就往下说。

如果你想自己继续深入研究下去，我向你推荐一本书——《疗愈场：宇宙秘密力量的探寻》，作者是我的朋友琳内·麦克塔格特。其他可供你参考的资源将在本书的附录部分进行介绍。

要玩游戏，包括"人性游戏"和"商业游戏"，我们必须有工具、支持资源以及供我们玩游戏的游戏场所。就拿棒球来举例吧，在棒球的发明者首先想出了这个游戏之后，他或其他人就得创造出棒球场、球棒、棒球和棒球手套，然后人们才能打棒球。

"人性游戏"也是一样的。一个"无限存有"思考着创建一个大型的游乐场，在其中他可以获得"纯体验式观影"的感受，这是一回事；但真正把那个游乐场搭建起来，并使人们在其中快乐地玩游戏，则是另一回事。所以我们现在要讨论的是，如何建造这个游乐场（三维现实）来帮助我们玩"人性游戏"。

有史以来，科学家们一直致力于弄明白宇宙的构造、运行方式以及可能掌管宇宙运行方式的规律。为了解开这些谜团，科学家们尝试将宇宙分成越来越小的小块，以便弄明白其核心的构造材料，以及这些材料之间相互作用的方式。科学家们在历史上深入了解这些谜团的过程中，发现了越来越小的微粒，这些微粒被称为细胞、分子、原子、质子以及电子等。然而，当科学家们深入亚原子世界时，他们开始注意到了更小的微粒，这些微粒似乎并不按照已知的物理规律运动。那些发现导致了一系列现在被称为量子物理学的突破。

当有人第一次向我介绍量子物理学时,我理解不了多少内容。我为此绞尽了脑汁!这门知识深奥难读、难以涉猎。但我有种感觉,就是那里有一些对我有用的游戏"拼图",所以我坚持了下来。最后,灵光一现,我清晰地看到了那里有一些对我有用的游戏"拼图",我于是就把它加入我的收藏了。我将和你分享这些游戏"拼图"。

科学家戴维·博姆在量子物理学取得最初突破时,就处在该研究的前沿领域。他得出结论,认为解释那种亚原子微粒的奇怪行为的唯一方式,就是认为我们日常生活中可以触摸的现实,其实只是一个幻觉而已。博姆主张,在我们所称为现实的背后,有一个更深层次的存在的秩序,一个广阔而更为主要的现实,这个现实促生了所有物体和我们的物理宇宙的表象。迈克尔·塔尔伯特概括了这一点,在他的《全息的宇宙》里,他写道:

> 换句话说,有证据表明,我们的世界和其中的一切——从雪花到枫树再到陨星和飞速旋转的电子——也只是一些鬼影罢了,只是一些投射物罢了,这些投射物大大超越我们的认识水平,实际上也就是超越了时空范围。③

受博姆的启发,许多科学家一直在寻找博姆所称的更深层次的秩序。他们最终发现这个秩序是以一个巨大的"智力能量"场的形式存在的,这个场有许多名字,但在科学领域,最多的情况下被叫作"零点场"(此后简称为"能量场")。

科学家们发现,"能量场"是以具有无限潜能的能量的形式存在的。无限的潜能尚未形成任何物体。然而,从无限的潜能当中,真真正正地,任何事物都可以被创造出来。用一个略显粗浅但很快你就能明白的比喻来说吧,把"能量场"想象为一种神奇形式的黏土,从中可以塑造出任何东西——任何东西!

当科学家们继续研究"能量场"时,他们发展了一种理论,来解释物理宇宙是如何由那神奇的黏土构造而成的。这一理论包含四个元素:

1. 能量场
2. 粒子
3. 物质世界
4. 意识

我已经为你界定了"能量场"和粒子,你也知道物质世界的情况。意识就是物理学家称为能量的东西,此前已有别的人称意识为"思想""源头""梵天""上帝",而且在漫长的历史进程中,各种文化里还有许多其他的名字。意识并不是物质的,但意识是一切有形物质——包括所有人、所有地方和所有事物——背后真正的创造力量。为了我们在这里要用的模式,我要把意识界定为"真正的你",即作为"无限存有"的你，也是你的"大我"。换句话说，你就是意识。

　　基于你目前抱持的信念，你也许能够很容易接受这一点。然而，如果你笃信上帝或者其他形式的"至高的存在"，那么你也许需要稍微调整一下这个概念，你可以认为上帝或某个"至高的存在"赋予你意识和力量，在"人性游戏"中你与他分离，独自玩耍着。在这里，没有任何冲突或问题，不能以实际的方式加以解决。只是要看你选择怎样的方式去看待。真正弄明白"你的意识"正在创造你所体验和感受的一切，包括最为微小的细节，对于你彻底摆脱"商业游戏"是至关重要的。

　　下面来解释这一科学理论是如何展开的。"能量场"存在于一种具有无限可能性的状态之中，就是说任何事情都有可能发生，任何事物都有可能从中创造出来，不受任何限制和束缚。然而，当"意识"为了一个具体的创造意图而把注意力集中于"能量场"时，那种具有无限可能性的状态就坍缩成一个单一的所谓的现实（或者是我们现在称为的幻象）了，这个现实是由那个意图所决定的。用量子物理学的术语来说，就叫"波函数坍缩"。

　　简单来说，如果意识带着创造一把椅子、一座山、一只手或一所房子的意图，聚焦到"能量场"，那么无限的可能性就会坍缩成单纯的一个幻象，叫作椅子、山、手或房子。一旦发生一次从无限到有限的坍缩，那么物质世界里的幻象就开始被创造了。在那个幻象中看起来是物理的粒子就出现了，而且以特定的方式结合，"打造"出我们预期的事物，也创造出日常生活中和我们交往的人,还有他们遵行的法则。整个过程的每一步,都是受意识原本聚焦于"能量场"的意图指引并形成的。而且,这一切只是幻象!

重点:
深入探究物质世界的任何事物,如果你探究得足够深的话,那么你终究会触及"能量场"。

在我的"线下课程"和我提供的多媒体"家庭转变系统"节目里,我播放了一段令人惊奇的名为"10 的力量"[①]的录像,这段录像形象地说明了这个重点,而且能有力地帮助我把"所谓现实其实是幻象"这个观点说明白。

在撰写《意识和量子行为》这本书时,芭芭拉·杜威说,

> 这就像上帝说:"如果我要成为肉身,那么我就必须把那些让物质世界运行的所有法则一并带去。为做到这一点,我要先创造一个微小粒子,通过这个设计,先创造出宇宙,再指挥宇宙表现出诸如重力、磁力、强作用力等行为,并依照我建造时的意图各行其职。与此同时,为了让'我'方便行事,我还会发明感觉,让那些感官拥有者以为自己看到、摸到、听到了真实的事物,以为自己看见了空间并感受到时光的流逝,而实际上感

官感知的这一切真实,只是一个幻象。"⑤

简言之,科学家们在努力证明,除非"你的意识"带着特定的创造意图,聚焦在"能量场",创造了一切,否则,你不能看到任何东西,听到任何东西,感觉到任何东西,体验和感受任何事情(包括销售额、利润、产品、服务、员工、资金上的起起落落,或任何有关你的生意的事情),比如说,除非"你的意识"聚焦于"能量场",带着创造这些内容的意图,然后真的创造出幻觉——纸、墨水、文字和书页,让你一个字一个字、一小段一小段地看。否则,你无法看到本页的内容。这本书本身并非独立的存在,或具有任何力量。在这个过程中,唯有"你的意识"有着真正的力量。"你的意识"是唯一的存在。

重点:

如果你意识到了一个事物,那么你就在创造它,包括最为微小的细节。尽管这一点看起来不着边际,但如果你走上这一旅程,而且彻底解脱的话,那么你会通过直接的体验和感受证明给自己看。

再举一个例子,你看不到你的活期存款、财务报表、盈亏报表,或随便哪里的任意数字,除非"你的意识"带着创造的意图聚焦于"能量场",然后一点一点地,一个粒子一个粒子地实际建造出来,让你能够看到。这些数字本身并非独立的存在,或具有任何力量。在这个过程中,唯有"你的意识"有着真正的力量。"你的意识"是唯一的存在。这是不是有点难以置信呢?有可能。那么是不是真实的呢?当然是。

重点:

真实 = "无限境地"(这个术语我用来描述你真正来自何处)和作为"无限存有"的你。其他一切只是幻觉。

阿密特·戈斯瓦米博士是一个量子力学和意识前沿研究方面的优秀科学家,在说起电影《我们到底知道什么!?》时,他说:

> 我们都习惯于认为我们周围的一切是不经我的设定、不经我的选择而已经存在的事物。你必须打消这种想法。
>
> 反而,你真的不得不认识到,即使我们周围的物质世界——椅子、桌子、地毯,包括时间,所有这一切——只是意识的运动而已。而我正在从那些运动中,一个时刻又一个时刻地做着选择,为的是使我的实际体验得以显化。
>
> 这是你需要去做的唯一激进的思考。但它是那么激进、那么难,因为我们常常认为世界已然在那里,独立

与我们的体验毫无关联。

事实并非如此。量子物理学对此有明确的观点。海森堡——量子物理学的共同发现者——说:"原子并不是物体,它们只是一些趋势。"

与其思考事物,不如思考可能性。它们都是意识的可能性。⑥

这一概念——观察者在创造着被观察的事物,而且你不能使它们分开——就是科学界坚持做双盲实验的原因。为什么呢?因为科学家们知道,如果他们带着一定的目标或预期的结果去做一个实验的话,那么他们会让实验结果产生偏差。他们知道,仅仅是对事物的观察,就因观察者的不同而有不同的结果。

芭芭拉·杜威继续说:

对于意识,因果律是反向作用的。我们把原因置于结果之前。我们看到一个结果在一个一、二、三的顺序中建立起来。首先我们有卵子和精子,然后就有了最终形成胎儿的细胞分裂,等等。我们说卵子和精子是所有最后导致婴儿诞生这一结果的原因。然而,从意识的角度来看,创造人的想法,是这整个过程的原因。它们之间的步骤是人类的创造以及想法的结果。换句话说,意识颠倒了原因和结果。对于意识,原因是最终的结果。这个原因的结果只是一个物质现实的开始。⑦

为了继续阐述这一思想,我们举人体为例。科学家们认为,人体是由亚原子组成原子,原子组成分子,分子组成细胞,而细胞又合并起来形成器官,器官又组合起来形成各个系统(呼吸、循环),各个系统最终组合起来形成人体。一旦得以组合,每一个微粒和每一样器官,就都要执行具体且又特别复杂的任务,以便人体发挥机能。然而,这一切的真正来源是"能量场"或你的"意识"。

想想这个道理吧。那是许多微粒,出于某种原因,这些微粒一定是:

1. 以特定方式组合。

2. 一旦它们组合成各种形状,就会为了保持那样的形状而牢牢粘在一起。

3. 被指派去执行各自不同的任务。

4. 能够彼此交流使任务完成起来更为容易。

在你体验自己"人性游戏"的"纯体验式观影"经历的时候,正是你的"意识"从"能量场"中创造出微粒,把它们粘在一起,使它们合并起来,指派它们去执行各自不同的任务,并在情况发生变化时继续指引它们,使它们能够按照需要彼此交流。

玩别的游戏——如棒球、橄榄球、足球、垒球、排球或高尔夫球——时，你能亲身进入球场，然而，对"人性游戏"来说，你却哪里也不用去。你是用你的"意识"来创造整个"人性游戏"，以及整个游乐场的，而且，你是在你的"意识"里玩"人性游戏"的。

在后面的章节里，我们将探讨更多细节，但现在，我只想播下种子，因为这个种子就是"真相"，这个种子也是使你彻底摆脱"商业游戏"的关键。而且，真正美好的事情是，如果你接受了我在本书结尾发出的邀请，那么你——创造一切体验的"意识"——将拥有非常真实、非常直接、绝对令你兴奋的亲身体验，包括"商业游戏"和你一直以来以及现在玩"商业游戏"的体验和感受。

现在回到我前面分享过的那个哲学观点，根据你所学的重新审视一番吧。你现在知道，"真正的你"是一个"无限存有"，具有无限的力量，也具有无限的创造力。你有没有发现，我刚刚所说的，与科学家们认为的"能量场是意识和无限潜能相组合"这一概念，两者如出一辙？

我认为，"人性游戏"是关于探索世界上发生了什么，以及在无限的力量受限制、受束缚时你能做些什么。你有没有发现，这与科学家们所说的，是惊人的相似，他们说：如果"意识"聚焦于"能量场"，那么无限的可能性就坍缩为一个我们称之为物质世界——包括各种物体和生命体——的幻象，我们随后探索和玩味的，就是这个幻象。本质上说，那整个的瓦解过程，其实是一个限制、束缚的过程!

我认为要玩"人性游戏",就得创造一个游戏场所,好让我们在里面玩游戏,并且我们得相信,那个游戏场所是真实的。你有没有发现,这和解释"意识"如何构建物质宇宙的理论,两者契合得如此完美。你已经知道它看起来有多真实了。

在下一章,我将进一步阐述这一点,而且向你说明这个关于游戏场所以及其中一切(包括作为游戏玩家的我们)的幻象,是怎样被切实创造出来的。但现在,你需要回顾并且牢记在心的是下面三个重点。

重点:

1. "意识"创造出你所感知的一切,包括最为微小的细节(和"商业游戏"的每个方面)。

2. 你和你的"大我"都是"意识",所以是你在创造着你所感受到的一切,包括最为微小的细节(和"商业游戏"的每个方面)。

3. "人性游戏"是完全在"意识"中进行的,而且每个细节都是由你的"大我"为你量身设计的。为的是支持你完全按照你希望的方式去玩"人性游戏"和"商业游戏"。

你(准确地说,是你的"大我")能创造出你所感受的一切事情,你是不是觉得这很难令人相信呢?以你夜间做的梦为例。你躺下来，闭上眼，睡着了，就有了各种体验。在那些梦中，你的"意识"创造了整个世界——人、地方、事物，而且这些事物好像绝对真实可靠，然而事实并非这样。它们都是虚构的，都是你的"意识"创造的。当你做白日梦，以及运用想象力获得视觉化体验时，你也会遇到同样的情形。

稍微想想这件事。做梦时，你好像是从梦中你的眼睛看世界，对吧？但那双眼睛在哪里呢？其实并没有眼睛。那么当梦中的故事在进行时，你这个"人性游戏"的玩家又在哪里呢？你不仅仅是梦中的自己，实际上，你就是梦中的一切——是的，是一切。梦中的一切都是你！你就是你在做梦时的所有人、所有物以及所有与你交往的人。你甚至也会是梦中那个故事发生的空间和环境（大楼、森林、家、城市等）。这一切都是你……都是你的"意识"。

好好再想想这个做梦的事情。事实上，如果你今晚有个栩栩如生的梦境，即便在你看来它只持续了几分钟，那么观察一下这个现象。在梦里，你将会看到人好像是真实的，虽然事实上不是；物好像是真实的，虽然事实上不是。你也将会看到其他生命体（包括动物、植物、树木）好像是真实的，而事实上不是。重申一次，你梦中的一切都是你的"意识"。

你是不是仍然觉得这一切难以置信呢？给你自己提下面七个问题，回答时要对自己诚实到残忍的地步，看看这个练习会把你带往何处：

1. 在你到达家乡前,你的家乡在那里吗?

2. 在你离开家乡后,你的家乡还在那里吗?

3. 如果你乘坐航班从 A 地到 B 地,你如何知道你真的到达那里了呢?

4. 如果你看到一个有关战争、地震、飓风、海啸,或是某地发生的别的事件,你怎么知道这些事件真的发生了呢?

5. 你怎么知道我们称为"历史"的事情真的就发生过呢?

6. 如果你记得自己过去的一件事,你怎么知道这件事真的就发生过了呢?

7. 现在是几点?

如果你对自己诚实的话,那么你将会发现,没有证据表明,有任何"地方"在"那里"实际存在过;没有证据表明你曾乘飞机到过任何地方;没有证据表明,在地球的所谓历史中,或者在你自己的经历中,你认为可能发生过的任何事情,真的就发生过;没有证据表明时间的存在,或者坚信的正确时间是正确的。作为第一阶段卓越设计的一部分,我们只是在思想意识上把我们感受中的许多幻象串联了起来(尽管这样做时我们忽略了许多地方完全连接不上)。我们认为一切都是真实的、准确的,而且我们做起事情来也好像一切都是真实的、准确的——就像我们对待在电影里看到的幻象一样。

若想弄明白"意识"究竟如何创造出了"人性游戏"的

游戏场所,其中的细节如何成为玩"新商业游戏"的关键,还有,你如何才能转动钥匙,使自己彻底摆脱"商业游戏",翻过页,开始读第六章吧。

---

① 阿尔伯特·爱因斯坦,《智慧语录》,www.wisdomquotes.com/003090.html。
② 约翰·惠勒于1990年4月16日在圣菲机构的演讲,选自托尔·诺里特朗德,《使用者的幻觉》,美国纽约:企鹅出版集团,第10页。
③ 迈克尔·塔尔伯特,《全息的宇宙》,美国纽约:哈珀·柯林斯出版社,1991年版,第1页。
④ www.powersof10.com/。
⑤ 芭芭拉·杜威,《意识和量子现象》,美国加州因弗内斯:巴塞洛缪图书出版社,1993年版,第9页。
⑥ 阿密特·戈斯瓦米博士,电影《我们到底知道什么!?》,20世纪福克斯2005年出品。
⑦ 芭芭拉·杜威,《意识和量子现象》,第9页。

第六章 两个"P"

> 宇宙也许只不过是由思想所创造的一幅巨大的全息图。①
> ——物理学家 戴维·博姆

为了彻底摆脱"商业游戏",重要的是加深你的理解,即"人性游戏"的场所是如何创造的,"大我"是如何创造你作为游戏玩家的所有体验和感受的——包括你的财务账目的收支平衡、员工和客户之间的交往,等等。要做到这一点,我想和你分享另外一个比喻。这个比喻就是全息图的比喻。

在我致力于理解量子物理学,以及理解我从量子物理学中提取的游戏拼图是如何组合成我的"不断拓展的彻底解脱模型"时,我注意到了几个例子可以作为全息图的参考。当我潜心研究全息图的实质时,我认识到这是一个很好的比喻和游戏"拼图"。

全息图是一个物体的三维影像,或是看似真实而其实并不真实的场景。许多进行量子物理学前沿及相关研究的科学家认为,要说明物质世界里的幻觉如何形成且显得真实,全息图是一个很好的比喻。我同意他们的观点。科学家们在使用这个比喻时,会在对自己工作有帮助的许多方面深入研究全息图。但在本章里，我将只集中在两个方面。在本书附录部分，我将告诉你如何找到更多的信息，如果你需要的话。

如果你曾经见过一些你认为的全息图，比如说在《星球大战》系列电影里、在信用卡防伪标签上或在其他地方，比如说，那么你看到的是，一个具有三维外观和感觉但看上去并不真实的物体。那些例子只是一个真实的全息图的真正力量的模仿。然而，如果你看电影《黑客帝国》《异次元骇客》或者《星际迷航记》系列电影或电视连续剧，其中的人物使用了被称为"全息体验舱"的东西，那么你已经看到了，全息图真正可能的样子。事实上，在我举办的线下课里，我播放的电影和电视连续剧里的视频短片，可以用强有力的视觉图像为学员展现出全息图能够做的事情。在本书附录部分，你将会看到一个网页的链接，该网页有一个电影目录单，我从中截取过视频。

在《全息的宇宙》那本书里，迈克尔·塔尔伯特说：

> 物理学家威廉·蒂勒——斯坦福大学材料科学系的主任、全息思想的另一个支持者——同意全息构想。蒂勒认为，现实跟电视连续剧《星际迷航记：第二代》中的"全息体验舱"相似。在该系列节目中，"全息甲板"能够根据使用者的要求，创造出任何的全息模拟现实，无论是茂盛的森林，还是熙攘的城市。他们都能以任何他们想要的方式改变每一个模拟现实，比如，使一盏灯

出现，或使一张不需要的桌子消失。蒂勒认为，宇宙也是一种"全息体验舱"，由所有生命体"整合"而成。"我们创造它作为体验和感受的载体，而且我们创造了控制它的法则。"他断言，"而且一旦我们确切了解此事，我们就可以在实际上改变这些法则，同时也能创造出新的物理学来。"②

为了解释全息图这一比喻是多么恰当，我将稍微说得专业一点，然后再回头做简单的解释。全息图是通过一个非常特殊的过程创造出来的。假设你想绘制一张苹果的全息图，为了做到这一点，你首先必须让激光照到整个苹果。同时让第一道光反射形成第二道激光，它们产生的干涉模式（在两个光束交汇处）就被捕获并留存在胶片或全息版上，如下图所示。

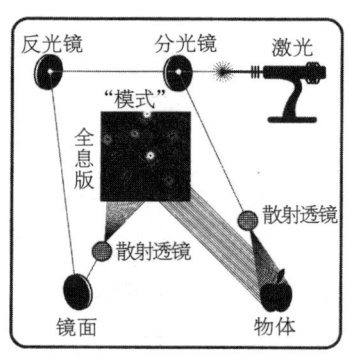

全息模式的制作过程

在这个例子中,印在胶片上的模式将会包含有关那个苹果的非常具体的信息——它本来的红颜色,以及苹果表皮的其他细节;它的高度、宽度和深度;它的大小、长度和位置,还有茎把的颜色;也许还有掉在地上时表皮上形成的小凹痕的大小和位置,等等。

在胶片冲洗之后,看到的只是一些无意义的明暗线条组成的漩涡。但只要一道激光照射到(给予能量)冲洗好的胶片时,一张三维的苹果影像就出现在空间里了,看上去非常真实,准确描绘出了储存在模式里的全部信息,如下图所示。

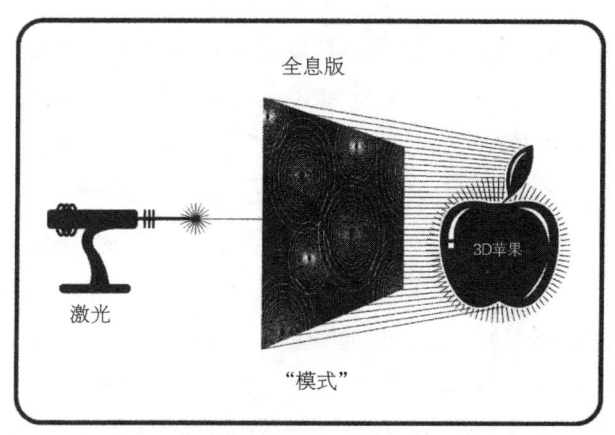

全息图的制作过程

随着全息图的使用,就像电影《黑客帝国》《大楼第十三层》或者《星际迷航记》中的"全息体验舱",也像今天的工程师和科学家做的实验,也像好莱坞的特效和动画工作室所播放的影片,我们可以利用计算机、软件程序和复杂的数学算法,创造出全息的幻象。

在全息图这一比喻里,我们要关注两个重点:

1. 要创造一张全息图,也就是物质世界某个物体的幻象,你得创造出一个包含该幻象所有细节的模式。

2. 为了能够清晰地看到那张全息图,你就得赋予该模式以巨大的能量,这样该模式才能显现出逼真的幻象。

换句话说:

模式 + 能量 = 幻象

为说明你的意识如何创造出物质世界以及其中一切事物的幻象——以及如何使这个幻象那么逼真,让你彻底受骗,以便能够在第一阶段的"人性游戏"中玩耍,我建立了一个模型来呈现这个过程,那么下面便是这个模型的要素:

• 你的"意识"带着意图进入那无限可能的"能量场"时,那个意图就是创造某个事物,并使该事物看起来像是"人性游戏"游乐场里可以见到的(如身体、环境、物体、动物、植物、对账单、现金、员工、股份证书,等等)。

• 接着,你的"意识"就在"能量场"里创造了一个模式,该模式具有"意识"想要变得真实可见的所有必备的细节——包括有关作为游戏玩家的你以及和你玩"人性游戏"的其他人(体型大小、身材、头发的颜色和长度、个性、疼痛的背，等等）。在大众文化里，这些详细的模式被称为"信念"，本书后面的章节里将要讨论这个。

• 接着，你的"意识"施加力量（来自于你的无限能量）给该模式，你想要的创造物便会以全息幻象的形式显现，而作为游戏玩家的你就在那个幻象之中。

• 因为该模式如此详细，而且被施加了巨大的力量，所以它瞬间变为现实，而且显得很真实，令人深信。下面的示意图说明了这一概念。

示意：意识如何创造出三维世界的幻象

当你从出生到幼儿期，再到达成人期（顺便说一下，这一切只是一系列复杂的全息式的创造和幻象）时，"能量场"（信念）里面模式的数量就会按指数增加，来形成一个复杂的游戏场，而你将它称为"现实"和"你的生活"。你的"大我"控制着进入该模式的内容,因此也控制着你的全息幻象里所显现的内容——这一切都是由一个出于你的人生目的和使命的绝妙的计划所驱动的,为的是完全支持你按照你喜欢的方式玩"人性游戏"。

重点:

你观看"人性游戏"全息图的方式,可不像观看一场电影、一出戏或一场体育比赛。你的"大我"在创造全息图的同时,也让你成为人性游戏中的玩家。

前文说过,第一阶段的"人性游戏"关乎如何使你完全沉浸在一个三维世界的幻象中,并让自己信以为真。你的"意识"和你的"大我"都是真实的。那个"能量场"也是真实的。你的"大我"在"能量场"里创造的模式也是真实的。你的"大我"在"能量场"里给那些模式施加的力量也是真实的。但你所看到的其他一切,还有你在"人性游戏"的第一阶段里所体验的全息图,只是一个全息的幻象。这一点你现在也许能接受,也许还不能。但如果你想彻底摆脱"商业游戏",你必须要让"真相"成为你真正的"真相"。在下面的章节里我将告诉你如何去做。

创造幻象的流程,其中关键之一便是,你作为"无限存有"的真正力量,通过储存在"能量场"里巨量的模式细节中,而熠熠生辉。记住,"人性游戏"被设计成一个能够让你把幻象信以为真的终极游戏。因此,让幻象呈现在你的全息图里所需的力量之大,在"能量场"中所需存储的模式细节数量之巨,以你目前的视角是完全无法想象的。

重点:

只要全息幻象中的任何细节不清晰,或显得虚假,那么该幻象就会立刻瓦解,而"人性游戏"也会随之结束。这种情况是不允许发生的。所以必须付出许多努力,以使一切事情显得绝对真实、可信。

我来举一个能让你大吃一惊的例子。我通过我的朋友比尔·麦克唐纳,而参与其中。③在三部曲电影《指环王》里,有一个名叫咕噜姆的角色。虽然那部电影里的所有人物形象都是由真人扮演的,但咕噜姆却是计算机合成的。在制作《指环王》的最后一部,即《王者归来》时,创意团队造出了一个让你信以为真的人造世界。由于咕噜姆要在几幕戏里与其他人一起出现在人造世界中(看上去绝对真实),他们可不想让咕噜姆看起来像个假人,一旦如此,幻象便会破灭。而你的观影体验也会很糟糕。因此他们需要咕噜姆貌似真人。

尽管咕噜姆是计算机合成的,但他的表情和动作却是由演员表演出来的，用的是一种叫作动作捕捉①的技术。演员的动作是以三维数字的形式记录下来，并转换到咕噜姆身上的。

在好莱坞和电子游戏的特效和动画制作行业，人们在创造动画人物、动物、怪物、小动物、场景，还有貌似真实的物体方面，已迈出了巨大的步伐。有趣的是，谈到给人制作模型和赋予动画时，其中一个巨大挑战就是给他的头发制作动画，事实上这是一个非常复杂的创造过程，其中包含很多层面。人的头发在受到风吹时、湿润时或干燥时，都会有很大变化。因此，真实地模拟头发的形态变化，是一个复杂软件设计上极易出现错误的挑战，动画制作者至今未能完全克服这一困难。

随着每一部好莱坞电影的发行，制片方会在计算机动画的某一方面投入资金来改进包装，目的是更好地呈现故事，使他们制作的电影具有与众不同的吸引力。今天多数观众视觉经验丰富，他们期待看到崭新的特效——如真实的头发、恐龙、巨猿或超级英雄。

特效和动画制作专家致力于使咕噜姆的头发看上去和真人的一样（尽管他并没有多少头发），于是，他们就和几个最大的电影录制公司组成团队，并且花费数月时间和数百万美元，在最顶尖的程序员的努力下，终于开发出了电脑算法和软件来实现这一效果。你是不是觉得这听起来过于离谱，或者有点小题大做？——花费那么多钱、付出那么多努力，只是为了设计头发的动画。如果你这样认为的话，请记住它事关重大。如果幻象破灭，那么整个项目都会泡汤——也拿不到数百万美元的票房盈利。

这对于"人性游戏"，还有你当作现实的全息幻象来说，也是一样的。你无法看到或者体验到任何事情，除非你的"大我"在"能量场"中创造出一个模式，并赋予其力量来制造幻象——而且这个模式里的无论什么东西，都是你所看到和体验到的（包括金钱、银行账目以及财务报表）。和好莱坞制作电影一样，在"人性游戏"里，"意识"也在使模式越来越复杂、使幻象越来越真实方面不断地挑战极限。

如果你现在往脚下看，在面前的地板上看到一张地毯，上面有污点，或者看到木地板，上面有刮擦过的痕迹，那么这都是"能量场"中的模式的细节产生的结果。其实，那里并没有地毯，没有污点，没有木头，也没有擦痕。这一切都是虚构的——都只是幻象。但是那个幻象一定非常复杂、详细，且不可思议的精致，否则它就欺骗不了你。而如果它欺骗不了你，那么即使最细微之处出差错，游戏也会到此结束。

你也许对于知道这件事感兴趣：在今天的科学界和商界，逼真地模拟现实的全息图制作技术一直在快速发展着。在我撰写本书时,处在前沿的两种全息图制作技术是思科公司研发的"远程呈现(思科网真)"技术⑤和"全息影像传送"技术。⑥

我的朋友比尔·麦克唐纳是一个有远见的人,他是绿色环保运动和废物循环利用运动的先驱,也是在从上述运动衍生的建筑设计和产品设计方面的先锋人物。2006年8月,他使用我刚提到的"心灵遥感"技术做了一次讲话。在讲话中,他站在讲台后面,讲台在弗吉尼亚的一个叫作夏洛特斯维尔的地方,而且从数千公里之外的夏威夷莫伊的莫伊艺术文化中心的城堡剧院来看,他也是站在同一个讲台后面,不过显示的是全息影像。在夏威夷的观众看来,他的影像拥有着超凡的真实程度。我们可得记住,像这样的全息技术今天还处于起步阶段。

随着时间的流逝,你将会看到全息技术慢慢发展演进,看似越来越真实。你也将会看到,随着我们越来越追求更加完全的"体验式观影",娱乐业和电子游戏业会越来越朝着我们所谓的"虚拟现实"的方向发展,这种体验正反映出"人性游戏"的意义。

重点:

实现"人性游戏"的运动场和游乐场的幻象,以及使一切人和物显得绝对真实的能力,这是一个巨大成就——也说明"真正的我们"拥有多么惊人的一面，实际上拥有多么强大的力量。

但不仅仅如此。如果你打算创造一些幻象，作为玩"人性游戏"的一部分，你就必须做三件事情：

1. 使那些幻象十分逼真。
2. 在你玩第一阶段游戏时，使那些幻象强化第一阶段的动态关系。
3. 使那些幻象成为游戏玩家能够体验到的，令人惊叹的游玩项目，当他们在第一和第二阶段时。

举例来说，如果你打算在全息图里创造一个人体的幻象，那么，那个人体幻象不仅看起来得真实，而且也必须给我们玩"人性游戏"提供很好的原材料。你不能创造一个人体的幻象，而里面却空无一物。人体内一定得有人们利用生物学、医学的手段可以进行研究的东西。这就是为什么那个人体幻象被创造得那么细致，看起来是由亚原子、原子、分子、细胞、组织以及诸多系统组合而成的。这就是为什么那个幻象中的人体好像有着静脉、动脉、血液、其他液体、心脏、大脑等。

再举一例，如果你在全息图里创造一个海洋的幻象，那个海洋就不能停留在表面。你必须也创造一个水面下的世界，以便游戏玩家可以潜入其中，在里面玩游戏，而且研究海洋

（通过游泳、浅滩潜水、水肺潜水以及海洋学）。

如果你打算在全息图里创造一个太空的幻象，你必须也创造出那个太空里面的东西——星星、行星、彗星、星河以及黑洞，这样，游戏玩家就可以仰望、思考、探索，甚至穿越这个太空飞行（天文学和宇宙飞船）。

如果你创造数十亿人，那么他们一定不能只是凭空出现，所以你必须创造一个故事情节来解释他们，使他们真实可信，而且还有，就是你得给游戏玩家提供可以研究的东西（历史、进化以及考古学）。"人性游戏"的游乐场里的所有科学和其他创造，就是这样来的。

我们讨论过，在"人性游戏"的第一阶段，我们的目标是在"能量场"中创造模式，并使幻象进入你的全息图，来限制你、束缚你，隐藏你的力量、智慧、丰盛以及"真正的快乐"，并使你相信，你与"真正的你"截然相反。因此，你迄今为止所有的人生体验——包括商业——一直充满挫折、令人恼火、困难重重，与你期待的有所不同，这些事都不足为奇。然而，那正是我们要把模式设计成的样子，也正是我们把力量灌注其中，而出现在你全息图里的结果。

对于我们的生意和个人生活来说，我们所有人都能列出很多要抱怨的东西——无论是过去的，还是现在的。我确信你能想到许多事情，你愿意消除、改变或者改善这些事情，如果你做得到的话。作为第一阶段的游戏玩家，按照设计，在严苛评判自己的全息造物这一方面，我们可是绝对的大师。这一点我们将在后面的章节里详细讨论。

然而，你现在已经知道，真相是，我们都是才华横溢、令人赞叹的创造者——你可以说我们都是"量子动画设计师"。你在全息图里看到的，没有一样是真实的。你看到的都是幻象，是虚构的，是你在"意识"里讲给自己听的故事，并且你相信那是真实的。然而，这一切都是烟幕和镜面，而且一直都是——不论你如何评判：是好，是坏，是更好，还是更坏。

我们能够使全息幻象十分逼真，这一事实绝对是个奇迹。我们能够真的看到一个绝对的奇迹，然后评判它是不好的、烦人的、糟糕的，认为它需要改变、修复和改善，或者想摆脱它，这一事实更是奇迹。而且我们可以在实际中用幻象使我们相信，我们正好处在"真我"的反面，这一事实更是奇迹。你的"大我"，也就是"真正的你"，在创造幻象方面绝对是个天才。大卫·科波菲尔和好莱坞也都望尘莫及！

顺便说一下，如果你还不曾有这个念头，你将来也会，那么我现在就提前说一下。科学家们一直在研究全息图。因此，尽管他们认为全息图是真实的，而事实是他们一直在研究一个幻象。然而在这个幻象里，尤其是在量子物理学及相关科学领域里,我们的"大我"为我们寻找"真相"留下了线索。而在本章和前面几章里,我利用并和你分享的,正是这些线索。

在我们继续说下去之前,我想总结一下在本章里提出的重点:

重点:

· 你 + 大我 = 意识

· 你不只是在观看一个全息图,实际上你是在创造全息图里的一切——包括你自己。

· 你所体验和感受的,没有一样是真实的。

· 所有的一切完全是虚构的。

· 那都是你的"意识"的创造物。

· "大我"直接连接着"能量场"。

· "大我"设计游戏模式。

· "大我"掌管作用于那些模式的力量。

· "大我"根据你决定进行"人性游戏"时所选择的人生目的和使命,来控制让哪些人、事、物会出现在你的全息幻象中。

在本章就要结束时,请记住我在本书《导言》部分说过的:你不必相信我刚刚和你分享的任何事情,不论我所说的合不合逻辑，对你来说是对还是不对。如果你接受我在本书结尾发出的邀请，并跨入第二阶段的游戏的话，那么你将获得这样的体验，能证明我和你分享的一切事情，是不容置疑的、真实可靠的。

为了发现你的全息图里所有其他人究竟是谁，以及他们是如何通过与你的互动，来支持你玩"人性游戏"的，请翻过页，开始读第七章，继续你彻底摆脱"商业游戏"的旅程吧。

---

① 戴维·博姆语，引自格雷格·布拉登，《信念自然疗法》，美国纽约：海屋出版社，2008年版，第37页。
② 迈克尔·塔尔伯特，《全息的宇宙》，美国纽约：哈珀·柯林斯出版社，1991年版，第158页。
③ www.mcdonough.com
④ www.bustingloose.com/motion
⑤ www.cisco.com/en/US/products/ps7060/
⑥ www.teleportec.com/technology.html

第七章　力量的许多面孔

　　一个充满爱心的人生活在一个充满爱心的世界里。一个充满敌意的人生活在一个充满敌意的世界里。你所遇见的所有人都是你的镜子。①

——作家　小肯·凯斯

　　有许多游戏我们更愿意自己玩。但是大多数游戏是和别的玩家一起玩，才能获得最大化的享受和乐趣。"人性游戏"也是如此。如果你为某种游戏创建了一个精致的游戏场所却没人和你玩，那就没多大意思了，是不是呢？而且，如果场上只有你一人，根本无法完成第一阶段的奇迹。为了使自己对幻象信以为真，相信自己与"真正的你"截然相反，就需要有别的人来和你一起玩游戏。

　　因此，作为玩"人性游戏"的一部分，你必须在自己的全息图中创造其他玩家，以此锁定第一阶段的互动关系，这能帮助你在玩耍过程中获得乐趣，还会让整个幻象变得错综复杂，这样你才能感到有挑战、有兴趣，得到极大享受。就像在梦里一样，这些别的玩家，这些"别人"（你曾经这样称呼他们），实际并没有与你分离，尽管他们看起来的确是与你分离的。他们就是"你"。他们是"你的意识"的其他面向。他们百分之百是由你的力量创造出来的，这就是为什么我称这一章为"力量的许多面孔"。

你可以把自己全息图里别人扮演的角色，看作好莱坞电影、电视剧、戏剧里演员们扮演的角色，尽管他们之间有一些区别（我们下面将要讨论）。演员们在电影里、电视连续剧里以及戏剧里出场，是经过选择和同意的。他们是在接到指令的情况下上或下舞台的。如果他们同意演出某一特定角色，他们就会得到一个剧本，该剧本给他们提供具体的台词和行动步骤，而他们就按照指令说和做。

有一些扮演重要角色的演员，我们称为主角。其他扮演次要角色的人，我们称为配角。还有其他演员，只处在背景位置，而且从不和主角说话或影响主角，我们称他们为群众演员。群众演员所起的作用只是使场景显得真实，或者能够提升故事里重要情节的表现张力。

对于"人性游戏"里的全息图式的"纯体验式观影"经历来说，情况也是一样的。而且有趣的是，你在全息图里看到的大多数人都是群众演员。如果你仔细想想，尽管人家告诉你说在"人性游戏"的游乐场里有数十亿人，但你一辈子能亲眼见到的人只是其中的一小部分，而在其中，真正能够和你有交往并能影响你的人，为数更少。

重点：

这也许难以置信：当别的游戏玩家出现在你的全息图里时，他们百分之百是你的创造。在你的全息图里，除了"大我"通过剧本赋予他们支持你玩"人性游戏"的力量以外，没有任何人拥有任何力量，也没有自主决定的权利。

在说明从"商业游戏"中彻底解脱的模型这一重点时，我常听到人们这样质疑与评论："你是说我的配偶、孩子、父母、姐妹、朋友、兄弟、员工、顾客和老板，都不是真实的吗？他们只是全息图上的幻象吗？不行。我不能接受这个说法，而且我可不想在心里贬低他们的价值。"

如果你心里有那样的想法，那么让我现在就和你分享下面的内容，稍后我们会回到这个讨论上来。

首先，不只是其他人不是真实的。正如我先前给你界定这个术语时说过的，在你的全息图里没有一样事物是真实的——包括你和我。我们都只是由"意识"创造的全息幻象的一部分，为的是使我们可以玩"人性游戏"。

其次，我在前面的章节里解释过（在以后的章节里我们还要深入地谈论这一点），整个"人性游戏"是一个奇迹，是一个令人惊异的成就，是一个天才的创造，所以你应当——也将会——在每时每刻都处于绝对的敬畏当中。在这一模型当中，没有一丁点贬低任何人、任何事物的意思，而是恰好相反。

最后，如果你选择玩第二阶段的"人性游戏"，而且采取我在本书最后几章里和你分享的行动步骤的话，我敢保证，通过你即将创造的第二阶段的体验，通过与你创造的其他玩家一起在"人性游戏"第二阶段玩耍，我对于"其他人"的描述，其真实性将会得到证实，你的疑虑也会一扫而空。

当我和你分享说所有其他人只是你创造的，是你"意识"的一个面向，是乔装打扮的你，这时你不免会想：怎么可能在我创造着你的同时，你正在创造着我呢，或者会想：怎么可能在你创造着伴侣或老板的同时，他或她也在创造着你呢，对于其他与你分离的人或群体如何互相创造，你也会产生同样的疑问。这会非常令人困惑。

在继续说下去之前，我现在必须澄清一个重点。在量子物理学里有一个概念，被称作"纠缠体系"。这个概念意思是，如果你从逻辑、分析的角度试图解开某些谜团，那么你就会陷入一个无限的循环之中，得不到任何结果。

比如，假设我对你说："所有作家都是骗子。"那么我是在说实话还是在说谎话呢？来试试看能不能从逻辑的角度解决这个问题，你办不到。如果我说所有作家都是骗子，那么我作为一位作家一定是在说谎。如果我说的是谎话，那相反的必然是真话——所有的作家一定都说真话。但是这样的话，我说所有的作家都是骗子又成了谎话。所以不可能所有的作家都说真话，因为他们是有可能说谎的，这样往复不断，形成一个死循环。打破这个循环的唯一办法就是完全从中跳脱出来,或者从一开始时就不要进入那个循环。

当你试图弄清楚,是否别人也有着他自己的全息图,在别人的全息图里有什么内容,或者在别人的全息图里你扮演什么样的角色,会发生同样的情况。你做不到。试图弄清楚只会使你陷入一个无尽的循环,得不到任何答案。我在这里和你分享的模型,是为了支持你彻底摆脱"商业游戏",我请你把关注的焦点一直集中在自己身上。从你自身的角度来看的话,这是你的全息图,你的"纯体验式观影"体验,是在三维游乐场里属于你的游戏,你的"意识"的一个创造。

重点:

如果你意识到了什么,那么你正在创造着它,包括最微小的细节。所以,在玩第二阶段的"人性游戏"时,你要把焦点集中在你的全息图和你自己身上。

这里重复一下另外一个重点以示强调。在你的全息图里,别的人绝对没有力量,也不能独立存在,也没有独立决策的权利。在你的全息图里,他们百分之百是你的创造物,而那就是你需要关心的全部了。请你把有关别人全息图的一切想法,通通放在一边,包括你在其中扮演的角色。关于这一点如果你想了解更多,我有一份特别的礼物给你——我录制的一个简短音频，内容便是这个主题。你只要访问我的网页就可听到或下载那段录音：www.bustingloose.com/others.html。

顺便告诉你一个结论，它同样适用于你的私生活和职业生涯，就是在你的全息图里你总是受保护并绝对安全。别人无法闯入你的全息图，并给你、你的公司、你的团队、你的销售额、你的利润、你的资金流或者任何你所关心的人，带来任何形式的伤害。如果看起来，某人伤害到了你、你的公司、你的团队、你的销售额、你的利润、你的资金流或者任何你所关心的人，唯一的可能，就是你的"大我"在"能量场"里创造了一个具有很多细节的模式，并赋予其能量，使之出现在你的全息图里，并使你相信那是真实的。而他或她那样做的唯一理由就是，拥有这样的体验和感受是否将会给你玩"人性游戏"提供极好的支持——不论你是从游戏玩家，还是从"纯体验式电影"主演的有限视角出发，会做出何种评判。既然是这样，那么就可以很准确地说，即便看上去似乎有伤害发生，但实际并没有。

重点：

在全息图里，在你之外不存在任何力量——不在任何人身上，也不在任何事物里。在你的全息图里，你拥有一切的力量。

出现在你的全息图里的任何其他人,都是由你的"大我"在"能量场"中创造出一个模式,并赋予其能量而呈现的。记住,凡是没有按照这种方式创造出来的人或事物,就不会出现在你的全息图里,不会被你体验或看到。在"能量场"中所有跟其他人有关的模式,被创造出来是为了在你的全息图中扮演下列三种角色,其中一个或几个:

1. 反映你对自己或自身信念的想法或感受。
2. 和你分享能给你支持的知识、智慧和洞见。
3. 促使某事发生,在旅程中给你支持。

我们现在来逐一看看三种可能性。

反映

在著作《如你所信》中,芭芭拉·杜威写道:

> 分离的幻象不仅象征我们的自我怀疑和疏离感,它还给了我们一个机会,把各种因对立而产生的内在痛苦表现出来,从而对其做功。我们在别人身上看到我们自己,憎恨他们身上有、我们身上也有的,喜爱他们身上有、我们身上也有的。我们和别人竞争是因为我们也和自己竞争。我们惩罚和奖励别人,是因为我们也这样对待自己。分离的幻象给了我们一个机会,把内在的压抑转化成为真实合一状态中那无条件的爱。如果没有这种

*幻象和我们对别人的反应，那么我们也许永远不会知道这样的压力存在。*②

请注意杜威使用了这样的字眼：自我怀疑、疏离感、忧伤、憎恨、惩罚以及压抑。"人性游戏"第一阶段的目标，是创造受限制、受束缚的幻象，同时让你相信自己与"真正的你"截然相反，你看，这些感受不就完美达成了这一目标吗？

芭芭拉在上面那段文字里，非常美妙地描述出，你把许多人放入你的全息图，让他们反映你对自己的想法或感受，以便在"人性游戏"的旅程上给你支持（在"人性游戏"第二阶段意义更大，我们将在以后的章节里讨论），或者为了展现你对幻象的某种信念。

举例来说，如果你创造这么一个员工或同事，此人总是说："如果我不亲自去做某事，那件事肯定做不好。"那可能是你所抱持的一个信念，不管你是否有意识地知道，你是通过你自己的其他面向来反映这件事情的。如果你知道你有这么一个信念，或你创造了另一个面向反映那种信念，很可能你会使许多人出现在你的全息图，这些人的行事方式会证明你的信念是有效的。那么你会说："你看，那就是人们做事的方式！"这样你的信念得到了强化。你的力量就是如此强大。

同样，如果你相信，"我在工作中总是不被重视，没有拿到应得的薪水",或"朋友和家人向我借钱却从不还",或"人们会利用一切机会占你的便宜",那么你将会创造其他面向出现在你的全息图,提供各种证据,来证明这些信念真实可信!

再举一个例子,如果你创造这样的人们,他们进入你的全息图,而且对你很不好或是忽视你(当我年轻时,深深沉浸于第一阶段的"人性游戏"中,便是这样),这反映了一个事实,就是你在以这样或那样的方式虐待自己、忽视自己。

有段时间,我对这个世界充满愤恨,对我身边的人总是恶语相向,我在全息图里创造了一只狗,那只狗总冲着人们叫,叫得很是厉害,我甚至经常想,要是它一直那样叫下去,一定会内脏破裂或是心脏病发作。当我度过那个阶段开始平静下来,那只狗便突然死去了。

从我自身的生活经验以及我和全世界成千上万客户共事的经验来看,"反映"可能相当精妙又复杂,就像"人性游戏"的真正本质一样。在下面的章节里,我们将详谈那些经验。

知识、智慧和见解

要玩"人性游戏",有时候需要给自己一些特定的知识、智慧和洞见。因此,你会在自己的全息图中创造一些老师、演讲者、专家、朋友、同事和陌生人直接启发你,或通过你创造的书籍、杂志、报纸、录音或视频，间接启发你。比如说，这就是你在自己的全息图里，为我创造的角色。

作为"无限存有"，你能瞬间获得所有的知识、智慧和洞见，但在玩"人性游戏"时，你可以通过设计各种故事情节，让知识、智慧和洞见看起来好像是别人教给你的。其实你只是在"能量场"中设计一些模式，并赋予其能量，使那些模式在全息图中生成幻象——就像你设计使自己看到这本书一样。

促使某事发生

我在第三章里举棒球为例，解释了"人性游戏"是如何设计来使你探索那些"要是……那么会怎么样"的情况，当一些变量发生变化时，你能盘算各种可能性，观察一切事物如何随之变化，并从中获得乐趣。

于是，你经常创造你自己的其他面向出现在你的全息图，促使事情发生，支持自己以喜欢的方式玩"人性游戏"。比如说，你可能会创造某个人出现在你的全息图，并给你提供一份工作，然后把你辞退，给你一份有利可图的合同做生意，介绍你去见有影响力的人，教给你一个投资技巧，借钱给你，说使你难过的话，做冒犯你的事，开罚单给你，或闯红灯撞上你的车。在上述每一种情况下，这些人都打开门来，推你进去，并且在你的"纯体验式观影"经历里面，促使事情发生，为你能够完全按照自己想要的方式说"人性游戏"，提供很好的支持。

如果你接受本书末尾的邀请，选择玩第二阶段的"人性游戏"，那么，你将会创造你自己"意识"的许多其他面向出现在你的全息图中，他们的言行将支持你从"能量场"中第一阶段的模式里收回力量、瓦解那些模式，帮助你彻底摆脱"商业游戏"。这就是你创造出我并让我在这里帮助你这么做的原因。

关于这个主题，你可能已经猜到我将要分享给你的一些内容，但如果你已经做好了准备，来揭开另一个神话的真面目，对所谓"因果律"的真相一探究竟，请翻过页，开始读第八章吧。

---

① 小肯·凯斯语，《七嘴八舌》，美国芝加哥：拉根通信出版社，2004年10月版。
② 芭芭拉·杜威，《如你所信》，美国加州因弗内斯：巴塞洛缪图书出版社，1990年版，第82页。

第八章 因果律的神话

意志并不是自由的——它只是一个现象,受因果束缚,但在意志背后,有自由的东西。①

——斯瓦米·维维柯南达

在"人性游戏"的第一阶段,特别是在"商业游戏"的环境下,人们教你说因果律是真实的、实在的。人们教你说,如果你想要在生意上创造成功、解决问题等,你就必须采取具体的行动(因),这些行动能产生预期的结果(果),而且在两者之间有着无法摆脱的联系。人们还教你说你如果没有实现预期的结果,你需要知道更好的行动方案(因),并使之运转起来。

现在让我从我们在这里所使用的模型的角度出发,来重新界定因和果。这么说吧:游戏玩家在全息图里所采取的行动,和他或她在全息图里采取行动所造成的结果之间,有着无法摆脱的联系。

在我们接着往下说之前,请再看一下我在第六章里介绍过的示意图。

在下图的右端,是该全息图的视觉描绘,左端和中心位置,是形成全息图的创造过程的视觉描绘。以你现在所知,

并在仔细看过该示意图后,让我问你一个问题:

在全息图里,有没有任何真正的力量、任何真正的因果?

答案是——

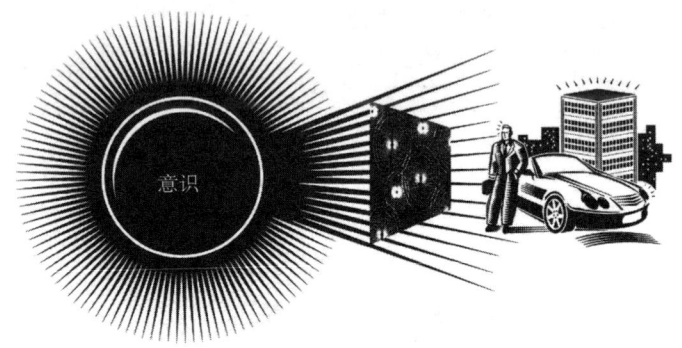

示意:意识如何创造出三维世界的幻象

没有!

为什么呢?因为全息图并不存在,它只是个幻象。除非其中有一个创造过程,否则它是不可能在那里的,所以"真正的"力量、原因和结果,存在于将幻象放在那里的创造过程里面,而不在幻象本身。

这样来看:当你坐在影院看电影时,你是在看着银幕上的影像。它们是幻象,真人和实物并不在那里,而是一个创造过程将它们放在了那里。如果没有这个创造过程,银幕上就会空空如也。如果好莱坞电影里一个演员看起来打了另一个演员,而另一个演员看起来有了黑眼圈，那么在银幕上两种虚幻的行为——拳头的动作和黑眼圈之间——有没有真正的力量，有没有真正的因果关系呢？没有，只不过看起来有。为什么呢？有两个原因：

1. 整个事情是个幻象，所以什么事也没真的发生。那个人并未真的挨打，那里也并没有真的黑眼圈。一个演员参与了这个拿拳头打另一个演员的幻象，而黑眼圈的幻象是由化妆师创造的。

2. 如果我们为了讨论的方便，将银幕上的幻象与实际联系一下，那么，既然银幕上的动作是个幻象，好莱坞电影剧本就是电影场景及其中发生的一切的真正缘由。演员、化妆师以及整个制作团队，都按照剧本来制造真实的效果，即出现在银幕上的幻象。

当然，对于电视剧、话剧、小说、电子游戏等里的因果式幻象而言，情况也是如此。

在你考虑我将和你分享的话语之前，请再看看那张示意图。看了吗？好。无论何时在全息图里出现因果关系，那都是由于细节被你的"大我"嵌入"能量场"中，来制造因和果的幻象。本质上说，你的"大我"创造了一个模式，该模式说"使之看起来像 X 行动造成了 Y 事件"。事情真的就那么简单。

重点：

在全息图里没有因果关系。你的意识——你的"大我"——总是"因"，而全息图总是"果"。

好了,现在让我们深入讨论。我想通过提问和回答一系列的问题,把这点和你的生意相联系。如果我们真的在一起,我会问一个问题,然后停下来,等你回答。但在这里我们不能那样做,尽管如此,我邀请你尽你所能模仿一个亲身的交流,看到问题后停下想想,然后在读到答案之前亲自回答(如果你很受触动的话)。现在开始:

问:什么是销售额、利润、收入和支出?

答:全息的幻象,像"人性游戏"里"纯体验式观影"经历里别的一切事情。

问:什么是产品、服务、成本和价格?

答:令人惊异的、卓越非凡的全息幻象!

问:什么是员工、合伙人、股东、董事会成员、销售商、顾客、委托人、销售培训师、顾问、会计师以及银行家?

答:他们是全息幻象,是你意识的其他面向,是乔装起来的你,扮演着你创造它们来演的角色。其所说所做的,都是由你的"意识"让他们来说和做的。

问:什么是衰退、萧条、股市崩盘、地产泡沫破碎、货币价值、油价以及信贷危机?

答：看上去真实的故事。你的"意识"创造的全息幻象。这在第一阶段，都被用来加强第一阶段的目标，来使你相信幻象是真实的，而你在其中正处于"真正的你"的反面。

问：什么是资产负债表、盈亏报表、季度进项、出口退税以及玩"商业游戏"过程中你所看到的另外一些数字？

答：是由一个令人惊异的创造过程所创造的全息幻象！

问：什么是薪水、奖金、佣金、优股权以及销售额？

答：所有形式的钱都只是看起来真实的全息幻象。

问：销售额、利润、收入、支出、产品、服务、成本、价格、员工、合伙人、股东、董事会成员、销售商、顾客、委托人、销售培训师、顾问、会计师、银行家、衰退、萧条、股市崩盘、地产泡沫破碎、货币价值、油价、信贷危机、资产负债表、盈亏报表、季度进项、出口退税以及各种形式的钱，这些事物究竟是从哪里而来？

答：由你的"意识"嵌入"能量场"中的模式，其中含有特定的细节。

好了，现在这里有两个大问题，是你抓住机会彻底摆脱"商业游戏"的关键。

问：作为玩家,你现在、过去以及将来要采取的行动——在行动中或是行动本身——有任何真正的力量或是因果式的能力,来在全息图上制造你在生意上想要实现的任何结果吗?

答:没有!

问：你作为游戏玩家,真的能够独立做点事情,去促进销售额、利润增长,减少开支,管理、激励和培训员工,比对手更胜一筹,保护自己免于无法抵挡的外界力量的伤害或为此制订计划,以及解决问题吗?

答:不能!

重点:
你玩"商业游戏"时所发生的一切事情都来自"能量场"中的模式,这些模式是由你的"大我"形成和决定的,以便支持你按照你真正想要的方式来玩"人性游戏"——在第一阶段,也包括第二阶段。

重点:
对于你的生意里的,以及似乎影响你的生意的所有人、地方、事情、事件,你的"大我"都写下了剧本。你只是一个在扮演自己的角色的演员!

这是不是让你感到厌烦呢？这是不是让你感到不舒心呢？这是不是让你觉得渺小、无力或是像某种傀儡呢？如果你有那样的思想或感情，那么它们会自行消失的。"真相"恰好相反。一个演员会因演一个角色而剧本却是别人写的，感到力量被削弱了吗？不会的。他或她喜欢有机会扮演角色，而且喜欢舞台上或是镜头前的每一分钟。一旦这个了悟安住于你的内在，情况对你也会一样。你是一个令人惊异的创造过程、幻象和经历里的一个令人惊异的部分。而且，正如我先前说过的，你和你的"大我"是一个统一起来的"无限存有"。表面上的一分为二——"大我"和游戏玩家的身份——其实是一个幻象。

在第一阶段，所有剧本细节、所有你的"大我"嵌入"能量场"中的模式的细节、所有迄今为止你在玩"商业游戏"时体验到的幻象——所有这一切，其设计初衷，都是为了限制你、束缚你，使你相信幻象是真实的，而且你正处于"真正的你"的反面。

因此，不论你曾在销售额、利润、老板、员工、没能完成配额任务的销售人员、合伙人、董事会成员、股东、士气、销售商、顾客、设备、竞争对手等方面，曾经有过怎样的挣扎，这些都是你的创造，甚至包括最细微之处。这些都是你所写和随着时间展开的故事的一部分，旨在给你玩第一阶段的"人性游戏"提供有力的支持。这些都是"纯体验式观影"经历的一部分，设计初衷是加强第一阶段的互动关系，并且使其锁于第一阶段的奇迹当中。

在第二阶段,在你体验过一个我称为"拓展期"(其时间长短取决于你独特的剧本)的时期之后,你将会到达这样一个境界:这时候你的"大我"开始写不同的故事,开始在"能量场"中嵌入不同的模式,赋予其能量,并使你进入玩"新商业游戏"的"纯体验式观影"经历当中,但玩"新商业游戏"时你不会受到任何限制和束缚;玩"新商业游戏"时你在任何看起来外界的人、地、力量或事情面前,不再是脆弱的;玩"新商业游戏"你纯粹是为了获得玩游戏的快乐。在第二阶段玩"新商业游戏"到底意味着什么,我将在下面的章节里探讨更多内容。

现在你已几乎读完了本书的基础部分,而且你已几乎准备好了读本书的实用部分。然而,在这样做之前,我们需要从你已得到很大拓展的角度,再审视一下"商业游戏"。要做到这一点,请翻过页,继续读第九章。

---

① 斯瓦米·维维柯南达,见网站"ThinkExist.com",网址是 http://thinkexist.com/quotes/with/keyword/cause-and-effect/

第九章 生意本质的再界定

> 在一个被模仿的现实里,模仿者既能决定法则,也能改变法则,这些法则统治着他们的世界。①
>
> ——天文学家 约翰·巴罗
> 2006年度坦普尔顿奖得主

在上一章里,我开始了邀请你的过程,邀请你改写你对于现在到底在发生着什么,还有你玩"商业游戏"时外界在发生什么的视角。在这一章,我想继续那个过程,以便加深你对"真相"的认识,并开始勾画为你而存在的、新的可能性,作为你进入彻底摆脱"商业游戏"实用方面的前奏,即"要做什么"和"怎样去做"。

在上一章结尾处和这一章我所提及的内容之间会有一些重复。我是有意为之,而且这样设计是为了把一些仍然陌生、奇怪的要点给你说清楚。如果你开始玩第二阶段的"人性游戏",那么你将会看到这一点,即在对一件事情的直接体验和对那件事情有一个思想上的认识之间,是有着巨大差别的。为了让你从思想上的认识向直接体验转移,重复能够提供很好的支持,特别是对于"彻底解脱模型"的一些方面来说。相信或接受这些方面,都更具挑战性。

我是看着超人连环漫画长大的,其中,超人具有的透视力,使他能够看到隐藏在我们所见背后的东西,而别人却看不到。既然你明白了"人性游戏"、作为"人性游戏"子系统的"商业游戏""能量场""意识"、全息图以及创造所有全息幻象的创造过程这些概念的真正本质,那么你自己就能具有透视力了。

简言之,现在你有能力看到隐藏在我们所见背后的事物,还能看到别人看不到的事物。现在该是完全觉醒、通过运用来提高这项能力的时候了。如果你选择继续读下去,那么接受我的邀请,大踏步走进第二阶段的"人性游戏"吧,你越使用你的透视力,它的穿透力就越强。

"商业游戏"是一个非常聪明的创造———一个真正天才的手笔。它被创造出来,是作为第一阶段的"人性游戏"的柱石的(这和创造"虚幻的目标"一样,它们所起的作用和兔子一样,我们追不上,也跟不上)。"商业游戏"的设计初衷,是专门为了限制和束缚你的。对你而言重要的是,能够充分欣赏一个创造的精巧性,所以,让我们使用透视力来回顾一下"商业游戏"的五个核心规则吧。在第一章里,我们讨论过"商业游戏"的这五个主要规则:

1. 你玩"商业游戏"的钱(资本)是有限的。
2. 你有收入(流入的钱)。

3. 你有开支（流出的钱）。

4. 你的收入必须超出你的开支（能带来利润），否则你会输掉这个游戏。

5. 你必须实现利润最大化，使得利润增长并维持利润增长，以便你能赢得这个游戏。

让我们逐个重新审视这五个规则吧。

规则1：你玩"商业游戏"的钱（资本）是有限的。

以你现在的认识（或从那个"模型"里，如果你还不确定完全接受那个"模型"），这对吗？在玩"商业游戏"时，你的钱真的是有限的吗？

不是！

钱从哪里来？钱来自"能量场"中的模式，其中包含特定细节。如果那些细节，决定给一个生意经营的随便哪个方面，用更多或更少的钱，那么在全息图上就能看到，也能体验到。如果细节发生了变化，那么在全息图上也能看到、体验到那些变化。

你的"大我"所能嵌入"能量场"中的模式的多少，或其中包括的细节的多少，受不受任何限制呢？

不！

你的"大我"所能使用的那些模式，还有施加到你的似乎真实的全息图中的力量的大小，受不受任何限制呢？

不！

作为"无限存有",你的力量不受任何限制,而且力量的大小并不随你的使用发生变化。无论做什么,你总是在全功率运转。这并不像电池,会耗尽电力,需要再次充电,或者像汽车的油箱,需要加油。

那么这里可以得出一个合乎逻辑的结论,即你和你的生意所能利用的钱(资本),还有你的现金流的力量,都是不受限制的。资本和现金流上唯一的限制,是由"大我"在"纯体验式观影"经历的电影脚本里确定的。而整个第二阶段的游戏,都是关乎你如何到达那个玩起"人性游戏"来不受任何限制和束缚的境界。

后面还将详细讨论的是,不受任何限制和束缚,并不一定意味着你将创造数十亿美元的资本,或数百万美元的现金流,尽管你当然能够这么做。这里的意思是,无论你需要多少现金和资本,按你所想的方式来玩"新商业游戏",你总会立刻、毫不费力、高兴地拿到。其数量你可能认为是大,也可能认为是小。拿我自己来说,我现在选择玩"新商业游戏"的方式正是我感到最有趣的(将来可能有所不同),我并不需要几百万或几十亿美元的销售额、利润或是现金流,所以我并不创造数量显得很大的幻象。

现在我们来讨论其他四个规则,它们是明显的金钱流动,把这四个规则放在一起讨论。

规则2~5:你有收入;你有开支;你的收入必须超出你

的开支（能带来利润），否则你会输掉这个游戏；而且你必须实现利润最大化，使得利润增长并维持利润增长，以便你能赢得这个游戏。

这里有几点，总结了那些规则的细节：

1. 钱从你的生意当中流入流出。

2. 钱在那里，在你身外的地方，和你不在一处，你必须得到金钱并投入到你的生意（收入）。

3. 在你花钱（支出）时，钱就从你流向别人，你的钱变少了，而别人的钱变多了。

4. 你必须确保你的收入超出你的开支，能带来利润。

5. 如果你想赢得"商业游戏"，增加你的个人收入和净值，改善你的生活方式，或以得到扩展的方式玩"商业游戏"，你就必须提高你的利润。

现在我们再次打开你的透视力，如果钱的真正来源是你的"意识"和"能量场"，而不是全息图，那么钱真的从你的生意当中流入流出吗？钱就在那里吗？你需要想办法赚取那些钱吗？花钱时，你的钱真的流向别处了吗？

没有！

你已创造了金钱的幻象，使之转移到你的全息图中去，但那并不真实。你只是使自己相信这个转移的过程是真实的。

有没有"身外的地方"，到那里你可以得到钱并使之进入你的生意呢？

没有!

"人性游戏"是一个在"意识"里创造并完全在"意识"里玩的游戏。并不存在"身外的地方"。

在你花钱时,你的钱真的变少了,而别的人、别的公司或别的团体的钱,真的变多了吗?

没有!

事实上所发生的一切只不过是"能量场"中模式的细节上的变化——而且你创造了金钱移动的幻象,从你自己的一个面向移向你自己的另一个面向。它并未到任何别的地方去,也并未流向任何别的人!

这里要强调一个我在上一章里提出的重点:收入是真实的吗?开支是真实的吗?利润是真实的吗?如果你想要增加你的个人收入和净值,改善你的生活方式,或在扩大了的游戏场所中玩"商业游戏",那么你真的需要提高利润吗?

对这四个问题的回答都是:不!

让我们回到那个为了说明"人性游戏"的真正本质而设的电影的比喻,来把这些观点说清楚。真的有金钱放进电影了吗?如果电影里有个场景显示,一家公司在第四季度赚了100万美元,一个首席执行官挣着50万美元的年薪,一个企业家有着5000万美元的净值,一个业主以1亿美元的价格转让了他的公司,或一个财务总监从公司挪用了25万美元,这一切真的发生了吗?没有!这都是幻象,所有的故事似乎是真实的——就像进入你的全息图的那个幻象。

概括起来说,你所能利用的钱是无限的。你用不完。你不会失去它。你,作为游戏玩家,不必做任何事情来创造金钱或者增加流向你的资金(尽管你完全可以扮演一个角色做了些事情,如果这样的玩法对你来说很有趣的话)。审慎的管理也并不需要。为什么呢?因为并不存在需要管理的事情(尽管你能创造一件事情,并创造管理那件事情的幻象,如果那样对你来说是种乐趣),而且你不会搞错或搞砸!

债务、贷款、利息并不存在。那些概念完全是虚构的"人性游戏"——第一阶段的创造物,也包括净值、股价和公司估值的概念。而且并没有任何需要管理或保护的资产(包括专利、商标、产权保护技术,等等)。

作为全息图里一切事物的创造者,当你在消费或支出时,你实际上在支付你自己,因为钱实际上并没有流向别处。你的财源并没减少,一旦你拨开足够多的云层(这你将会看见)。当别的所有事物看似真实时,它实际是你误以为真的全息幻象。

在第一章里,我们也谈论过下面的普遍看法,这些信念在第一阶段被普遍认为是真实的(你可能会有一个或多个不同的信念)。让我们用透视力来看这些信念吧:

第一阶段的看法:税务当局是你的敌人(在某种程度上)。

在第一阶段,我们视税务当局是我们的敌人。他们在收取我们的钱——我们辛苦赚来的钱，并且既然我们的财源有限，而且总也不够，我们更乐于保留我们的钱。而且，我们和税务当局所打的交道（审计以及其他关于出口退税的交道）并没多少乐趣。

但以你现在所知（如果你还未完全确信，也可以从"模型"来看），到底什么是关于税务当局的"真相"呢？税务当局和你与之打交道的税务代理机构其实就是你——你伪装起来的"意识"。你过去和税务当局打交道过程中所发生的所有事情，都是你创造的，而且其设计初衷是为了加强第一阶段游戏的互动关系。到了第二阶段，所有故事可能会被改写。而且，当你拨开云层并在这个过程中得到拓展时，所有故事将被改写。

第一阶段的看法：你的竞争对手是你的敌人（在某种程度上）。

谁是你的竞争对手？你的竞争对手，所有相关的公司和个人，是你伪装起来的"意识"。过去你和对手打交道过程中所发生的一切都是你创造的，而且其设计初衷是为了加强第一阶段游戏的互动关系。然而到了第二阶段，所有故事可能会被改写。而且，当你拨开云层并在这个过程中得到拓展时，所有故事将被改写。

第一阶段的信念：你在国际经济形势面前脆弱不堪（增长期、衰退期、萧条期）。

谁创造了世界经济、增长期、衰退期以及萧条期的幻象？谁写了其间可能发生的所有故事？是你！而且在第一阶段，杜撰所有故事的目的，都是为了加强第一阶段的互动关系。然而到了第二阶段，所有故事可能会被重写。而且，当你拨开云层并在这个过程中得到拓展时，所有故事将被改写。

重点：
创造出各种数字是为了带给你受限制、受束缚的体验，而且，这就是创造数字的真正目的。

第一阶段的信念：你在国际股票和金融市场变动的面前脆弱不堪。

是谁创造了证券交易所的幻象？是谁写了其间可能发生的所有故事？是你！而且在第一阶段，所有那些故事的设计初衷都是为了加强第一阶段游戏的互动关系。然而到了第二阶段，所有故事可能会被重写。而且，当你拨开云层并在这个过程中得到拓展时，所有故事将被改写。

第一阶段的信念：你决策和行动的自由是受到老板、股东、合伙人、董事会成员以及投资商的限制的。

谁是老板、股东、合伙人、董事会成员以及投资商？他们都是你，是你伪装起来的"意识"。你过去和他们打交道过程中所发生的所有事情（包括现在正在发生的事情），都是你创造的，而且设计初衷是为了加强第一阶段游戏的互动关系。到了第二阶段，所有故事可能会被改写。而且，当你拨开云层并在这个过程中得到拓展时，所有故事将被改写。

第一阶段的信念：你在新产品、新服务以及可能危害你的生意（工作）甚至瞬间将你淘汰的新技术面前，脆弱不堪。

什么是新产品、新服务和新技术呢？全息的幻象，貌似真实的故事。谁创造了那些幻象并且写下了那些故事呢？是你！在第一阶段，在这些幻象（你的、对手的）之间所发生的一切事情，其设计初衷是为了加强第一阶段游戏的互动关系。到了第二阶段，所有故事可能会被改写。而且，当你拨开云层并在这个过程中得到拓展时，所有故事将被改写。

第一阶段的信念："接近你的朋友，更要接近你的敌人。"

没有诸如朋友、敌人这样的说法。他们都是你，是你伪装起来的"意识"。而且你离他们是远是近，并不重要。伴随第一阶段里的朋友和敌人的幻象所发生的一切，设计初衷都是为了加强第一阶段游戏的互动关系。到了第二阶段，所有故事可能会被改写。而且，当你拨开云层并在这个过程中得到拓展时，所有故事将被改写。

顺便说一下，在回答我刚刚提出的问题时，如果你对我在前面几章里和你分享的哲学模型（真正的你、第一阶段、第二阶段，等等）并不确信的话，那么请从科学的角度考虑一下这些问题。如果你仅从量子物理学的角度看待这些问题的话，你仍然将会看到，"商业游戏"的那些根本的规则、制度和程序，是和"真相"以及事物的实际运作方式直接相悖的。

重点：
丰盛就是这样的！

丰盛就是"真正的你"。是你的本然状态。记住量子物理学所说的话：

$$能量场 = 无限力量 + 无限可能性$$

销售额，利润，以及无论多大数量的、强劲的、正面的现金流是很容易创造出来的，而且可能来自任何地方——仅仅通过在"能量场"中创造一个模式，赋予其能量，并使之出现在你的全息图。富裕还是贫穷，挣扎还是安逸，利润还是损失，还有是强劲的还是微弱的现金流，这些都是从不同的"能量场"中的模式而来的、平等的全息创造——就像在小说、戏剧或电子游戏里，销售额、利润以及现金流，被作家、剧作家或是计算机程序设计师轻易地，奇迹般地凭空创造出来。

重点：
要花费同等力量和努力来创造全息图里的任何幻象——不论你如何评判、描述它，或为它贴上什么样的标签。

而且，请考虑下面的内容，这些内容我将在以后的章节里详谈：

• 在你的全息图里，增加了的销售额、利润和现金流，并不好。

• 在你的全息图里，很低的销售额、利润和现金流，并不坏。

• 你现在正在体验的以及过去所体验的销售额、利润和现金流，其设计初衷都是为了随时给你按照你自己的方式玩"人性游戏"和"商业游戏"提供有力的支持。

• 对于你的生意和职业生涯的任何其他方面来说，情况也一样。在那些你可能会说有问题，或苦苦挣扎的方面。

这里我还可以继续往下说，但现在，让我问你这几个问题：你明白那五个主要规则以及从中衍生的普遍信念如何很好地限制、束缚和贬低你了吗？你明白对于"真正的你"而言它们显得多么陌生吗？你明白对于事物的实际运作方式而言它们显得多么不同吗？你明白对于作为支持"人性游戏"第一阶段的目标——使你相信自己正处于"真正的你"的反面，并且相信幻象是真实的——的策略而言这有多了不起吗？

事实上，你有力量和能力在你的全息图里创造出任何数量的钱，那笔钱似乎流过你的生意，或以任何方式显现。你有力量写出任何故事，讲述跟生意相关的体验和感受，比如销售额和利润的增长、成功之道、问题的解决、公开募股、商业销售、行业主导、革新、跟员工相关的幻象等,并使你自己出现在幻象中间,来玩游戏,并探索游戏的乐趣。

玩"商业游戏"时,你过去感受到的限制或现在所感受的束缚,是从"能量场"中你的"大我"用来限制你的模式里创造出来的。情况就是这样。它只字不提"真正的你"或到了第二阶段你到底能够创造出什么——只是最大程度地欺骗着你自己。

我先前说过,你能做到下面这些,那就很不错了:

• 收回形成那些一直在催生有限制力的模式、幻象和故事的力量。

• 瓦解那些模式、幻象和故事,使它们从全息图上消失。

• 获得你的"无限丰盛的状态",并完全张开胸怀进入其中。

• 一劳永逸地彻底摆脱"商业游戏"。

• 改写你目前的"商业游戏"体验和感受的各个方面——包括在下述方面所发生的每一个细节:销售额和利润;市场运作;现金流;聘用;解雇;激励以及补偿员工;使员工流动最小化;提高员工的干劲儿、生产率和效率;时间管理;销售商和供货商;税收;你的压力、高兴和兴趣的水平;你的个人生活,等等。

这就是我所称的"重新界定生意本质"(因此而有本章标

题），在后面的章节里，我将向你具体说明如何去做。

在第一章里，我解释了你不会赢得"商业游戏"。在我们往下说之前，我们先使用透视力来重新审视一下那个想法。你现在已经知道，作为"无限存有"，你开始于无限丰盛的状态，这也是你的本然状态。"商业游戏"的设计目的是给你一个完全相反的体验——一个受限制的、受束缚的、有限的体验。

因此，只要你从第一阶段的视角，继续玩"商业游戏"，那你就必须以某种方式（形状或形式），去体验受限制、受束缚、无能为力、脆弱的情形（在销售额、利润、现金流、投资额、行业趋势、竞争对手、经济形势、股市行情、员工问题等方面）。

而且——这里要密切注意——不管你以利润、资产、个人收入还是净值的方式在全息图里堆积起了多少钱，那都不是真实的，而只是一个全息的幻象。和作为"无限存有"的你实际拥有多少相比，它仍然受到严格限制，它仍然脆弱得不堪一击或是易于受损失，而且仍然有"有形的代价"和"无形的代价"需要你以"商业游戏"玩家的身份去付出。所以，你想要的究竟是哪样呢？

• 一个人为的、丰富或成功的状态——脆弱的，设计来限制和束缚你的，不管数字常常显得有多大。

• 你的自然的无限丰盛的状态，你使用源源不断金钱的便利，还有你的不受任何限制和束缚、纯粹为了游戏的快乐玩"商业游戏"的能力。

我选择了第二个选项，并承诺不计成本地去达到那个境界，即我能直接体验"真正的我"和我的无限丰盛的本然状态——在我的商务活动当中，也在我的余生。这就是最终带领我彻底摆脱"商业游戏"的力量所在。

现在，你已准备好了去发现为了真正彻底摆脱"商业游戏"而须采取的、实用的步骤。为了实现这个跨越，请翻过页，开始读第十章吧。

---

① 约翰·巴罗，《生活在被模拟的宇宙中》，剑桥大学应用数学和理论物理系，数学科学中心出版。简介见：www.simulation-argument.com/barrowsim.pdf

第十章　太阳和乌云的效应

> 太阳……经过污染地带而它本身却能纯净如前。①
> ——弗朗西斯·培根

> 太阳并不只为一些树木和花朵而照耀,而是为了广阔世界的欢乐而照耀。②
> ——亨利·沃德·比彻

在第三章里,我引入了太阳和乌云的比喻。我解释了"真正的你"是一个具有无限力量、智慧、丰盛以及"真正的快乐"的生命。我把这个生命比作太阳。然后,为了实现第一阶段的奇迹,你创造了一系列复杂的幻象,并使你相信那些幻象是真实的,而且你处于真实自我的反面。我把实现第一阶段的奇迹比作创造乌云,而把乌云置于太阳的前面,使你相信没有太阳,乌云是真实的,而且那里除了乌云以外什么都没有。

为了使那个太阳和乌云的比喻更适用于我们这里的说理目的,请想象那个云层既浓密又坚固,像混凝土、钢铁或钻石一样难以穿透。第一阶段的云层并不缥缈而朦胧,你不能像对待出现在幻觉天空里的乌云一样，把手伸到里面去。

在这一章里，我利用太阳和乌云的比喻来"换挡"，转换到本书的实用方面。如果那个太阳——"真正的你"——仍然在那里，而且一直在那里，并且刚刚被第一阶段所创造的云层隐藏和阻挡，而你想要看到并感受到太阳照耀（重新体验和感受你的本然状态，即拥有无限力量、智慧、丰盛以及"真正的快乐"，这些都在你的生意里）的话，那么你需要做什么呢？穿透云层，对不对？如果太阳恰巧被挡在视线以外，而你也移开了阻挡物，那么太阳必须自动照进来，对不对？

所以，那就是你在第二阶段游戏的早期所做的事情。你把专门一套工具组合起来形成一个钻头，你可以在坚实的云层用它来钻探隧道，或穿过云层钻出一个洞来，并且允许那个"真正的你"的太阳照进越来越多的光。然后，你继续使用这个钻头扩大隧道和洞口的口径，并且允许那个"真正的你"的太阳照进越来越多的光。然后，重复这个过程，直到你穿透厚厚的云层，以便大量的"真正的你"的太阳光能够照进来。每次你穿透云层钻出一个洞，让一些"真正的你"的太阳照进来，你的全息图就会发生巨大改变。下面的示意图给你提供了一个我想要表明的意思的视觉概念。

当你在第二阶段的云层里钻探时,你的全息图就会发生巨大改变。

钻头的组装以及实际的钻探操作,开始于主要关注点的一个简单转换。在我和你分享过的"彻底解脱模型"里,对你在玩"人性游戏"时所体验和感受的一切事情,有三个元素:

1. 创造者(意识 = 你 + "大我")。

2. 真正的创造过程(模式,还有"能量场"中的力量)。

3. 创造物(你在全息图里看到、体验到的一切事物:人、地、物、你自己的躯体等)。

按照设计,直到现在,如果你像我过去一样,也像与我有过谈话的多数人一样,那么你已把主要关注点放在你的创造——那些幻象和故事——上了。你使自己确信他们都是真实的。你给他们赋予力量。他们行动起来就好像是真实存在的，而且也有了力量。你从未见过作为你所体验的一切事物的创造者的你的"意识"，而且你也忽视了那个"真正的创造过程"。你对此并无清醒的认识。

如果你已研究了演示技巧、吸引的法则或者"你创造了自己的现实"那个玄妙想法，那么你也许忍不住要反对我刚和你分享的内容。

你也许觉得你确实看到自己就是你的人生体验的创造者，并且，你确实理解了"真正的创造过程"里的一些情况。那也许在一定程度上是准确的。然而，正如我在第二章里所解释的，大多数关于"你创造了自己的现实"的说教，都是第一阶段的创造物，其设计的最终目的是加强第一阶段的原动力，即使它们包含了"真相"的种子。于是，它们必须被歪曲、扭曲、破坏，或显得残缺不全，来使你受限制，无法走进"真相"——否则，对于"真相"，你就得表现出具有认识层面上的理解，而这样的理解并不能在你的全息图里完成"真正的转换"。你现在正在学习的第二阶段的说教，就没有这样的限制。

重点：

为了彻底摆脱"商业游戏"，你必须首先把关注点从你的创造中转移出来，公平地转向那"真正的创造过程"和作为"创造者"的你。

让我们来回顾你作为玩"人性游戏"时所体验的一切事物的"创造者"的角色吧。你是一个具有无限力量的生命。你的本然状态，是一个拥有无限力量、智慧、丰盛以及"真正的快乐"的状态。那就是代表着"真正的你"的太阳。因此，当你体验任何别的事物时，你知道：

• 一个"大谎言"在起作用。

• 一个幻象在运转中，貌似真实。

• 你的"大我"将巨大的力量施加到"能量场"里一个充满细节的模式上，以此创造出幻象。

• 那个模式可以被抽去力量并被颠覆，或者被改写（转化），于是就改变了你在全息图里的体验。

你如何抽去模式的力量，并颠覆和改写模式？

为了实现第一阶段的奇迹，必须在"能量场"中嵌入数十亿个模式，给其赋予能量，由此产生无数的幻象，并将你置于其中。为了彻底摆脱"商业游戏"，你没必要转换或改写所有模式，只转换或改写其中一些就可以了。

在"人性游戏"的第二阶段,你的"大我"带你走上一段特殊的旅程,我称之为"百年寻宝"。在那段旅程中,你的"大我"带你到"能量场"中一些关键的模式,在那里你投入了最多的力量,把自己限制和束缚在第一阶段里。然后,你和你的"大我"合作,来改变那些模式里的内容,随着这些模式被瓦解或改写,结果就是你曾经在全息图中体验到的那些限制和束缚,同样被瓦解或改写。这就是最终穿透云层钻出洞来,并且为你开放回归无限丰盛的本然状态的来龙去脉。

重点:
你不必创造财富、经济上的富有、繁荣或生意上的成功。这些事情你已经做到了。这些事情以前一直是你的。你只是把它们从你自己眼前隐藏起来了。到了第二阶段,你只是"揭露"、重新发现并重新体验和感受这些事情。

为了理解你如何钻探那坚固、浓密的云层,咱们来仔细看看"能量场"中的模式是如何被创造出来的。你必须确切地理解模式里的东西,然后才可以完全颠覆或改写它们,并彻底摆脱"商业游戏"。在本章里我打算解释模式里的东西,但是直到我们在后面的章节里讨论了如何在第二阶段进行日常生活后,我所做的解释的意义才会得以完全展现。

在第六章，我们聊了好莱坞的电影、特效以及好莱坞电影制作者为了尽可能地使幻象看起来真实，而付出了怎样的努力——不管为了做到这一点他们的特效有多复杂。我们讨论后也认为，制造出"人性游戏"幻象的"能量场"中的模式，必须是复杂且绝对可信的，否则游戏就进行不下去了。我们在"能量场"中创造的复杂模式，是建立在一个基础之上的，这被流行的自助和心理学文献称作"信念"。"商业游戏"，正如你所看到的，是一个巨大的集合，我们创造出这些信念，然后投入巨大的力量，使我们自己相信它们是真实的。

重点：

信念只不过是一个我们创造并信以为真的想法或概念。所有的信念都是谎言，是第一阶段的奇迹的幻象。不存在赋能的信念。在第二阶段，我们并不改变信念，我们用"真相"来交换"信念"。

然而，仅仅接受一个想法或概念的真实性，并创造一个信念，这并不足以使之显得真实，并使之在你的全息图里持续存在。举例来说，假设你在"能量场"中创造出一个模式，并给该模式赋予能量，来创造一个内存 5 万美元的活期存款账户，还有需要支付账单总额达 7.5 万美元的幻象。那么"我有 5 万美元在我的活期存款账户里,还有等待支付的 7.5 万美元的账单"是一个信念,是你所创造的一个貌似真实的幻象。然而,那个信念自己并不稳定或者具有持续不断的力量。你会很轻易地忘却那个账户,或者里面存有的 5 万美元,或者 7.5 万美元的账单,或者随着时间推移你会忘记查看数额的变化。

因此,你不能仅仅在"能量场"中创造一个模式,给它施加一些力量,使之出现在你的全息图上,就期望这个幻象能一直把你欺骗下去。你必须加强这个模式,才能保持里面的力量,并使全息图里的幻象持续自行再生、给你限制。你的评判做到了这一点。评判很重要,而你对评判的理解绝对是彻底摆脱"商业游戏"的关键,也是你回到对真我的直接体验当中去的关键。

重点:

评判是"胶水",能使幻象被锁在原地,并在全息图上显得逼真。

举个例子,假如说你创造了一个信念/幻象,即你有一个内存 5 万美元的活期存款账户和 7.5 万美元的账单。假如说,这时你不会仅仅拥有这么一个信念,你会想:"我付不起自己的账单。这可不好。我不喜欢那样。"当你那样评判时你到底在说什么？这是真的！

当你评判一个幻象是负面的，说"我不喜欢那样"，或"我想摆脱那个东西"，或"我想要改变那个东西"，或在有些情况下，即使你判断一个幻象是正面的，说"我喜欢那样"，或"我想拥有更多"，或无论你怎样判断和描述那个体验，你都是在加强那个似是而非的幻象，你在其中保有你的力量（或赋予更多力量），而且它就停留在你的全息图里。

然而，评判也并不总是足以把一个幻象保持在你的全息图里。为什么呢？因为在许多情况下，判断力是很微弱的，其中并不具有足够的"胶水"。因此，你必须创造出"后果"来提高"胶水"的黏合力，而且进一步加强"能量场"中的模式。继续举那个活期存款和账单的例子吧，如果你迟付账单，结果会怎样呢？你会被罚交滞纳金，而且如果你经常这样做的话，销售商会停止供货给你或停止为你提供服务，而这会给你的生意带来损害。如果你根本不支付一个账单，结果会怎样呢？你的信用会被冻结，你的账户会被收账代理商接管。如果你开空头支票，结果会怎样呢？银行会收取金额不足所产生的费用，而且如果你这样做的次数多了，银行会关闭你的账户，并终止与你的合作，而这真的会对你的生意不利！

咱们来看看这个场景积极的一面吧。假设你创造了一个信念/幻象/谎言，即你有一个内存1万美元或10万美元的银行活期存款账户，你看着这笔账，并对其加以评判，说："那很好，我喜欢。"你所创造的结果是一个幻象，即暂时感到成功、暂时感到购买的自由和做许多使你高兴并能支持你打理生意的事情。

如果我们在这些场景使用那个"透视力"的比喻，那么这些结果的真正意义是什么呢？这些结果给"能量场"中那些模式增加了更多的细节，而且加强了这样一个幻象，即金钱、活期存款账户、账单、债权人、银行、代理征收机构以及你能买或做（你不能买或做）的许多事情，这些都是真实的。这有点像在电影《指环王》里，为了让咕噜姆的头发和动作看起来绝对的真实，而做出的额外的工作！你明白这整个过程多么奇诡、聪明而又有效吗？不管说到这里你是否清楚，我向你保证，如果你跨进第二阶段，并开始玩第二阶段的游戏，那么你将会对把你困于第一阶段幻象的后果和评判拥有令人惊喜的认识。

下面是另外一些负面后果，我们将其放入"能量场"的模式里面，我们这样做，目的是使幻象更加真实：

- 监禁
- 为了照顾小孩暂停工作或被削去职位
- 被学校开除
- 失去权势或地位
- 受伤

- 死亡
- 被辞退或降级
- 名誉受到损害
- 失去一份令人艳羡的年终奖金
- 破产
- 遭受经济处罚

下面是一些正面后果,我们将其放入"能量场"的模式里面,我们这样做,目的是使幻象更加真实:

- 各种经济回报
- 暂时的感觉,如自豪、自信、满足,或被爱和欣赏
- 升职
- 人气
- 效率和生产率
- 名誉

既然在玩"人性游戏"和"商业游戏"时,你创造了自己的游戏场所和游戏规则,那么你也创造了自己的后果——奖励和惩罚——来强化你所创造的幻象。然后你就通过"能量场"中的奖惩模式来奖励或惩罚自己,并给这些模式赋予力量,使它们出现在你的全息图上,以便看起来真实。然后你在全息图里加强了那些幻象——尤其是因和果的幻象。这真是一个特别了不起、特别不同凡响的创造。

创造出信念,对信念加以评判,附加后果,然后给加强

版的模式赋予巨大的力量，让其出现在你的全息图中，其真实程度看上去完全毋庸置疑，这样就形成了一个创造的循环，把你困在"人性游戏"第一阶段的限制和束缚里面，而且这绝对适用于你在生意中或整个全息图上所看到和体验到的一切事物。另外一件需要注意的有趣的事情是，一旦一个加强版的模式被以这种方式创造，而且这种体验在你的全息图里重复出现，那么每当你再次看到全息图时你会对自己说："你看，这就是它的运作方式，这是真实的！"而且有明显证据证明其真实性，这就使该模式被更深地锁于你的全息图中。

重点：

在你的全息图里没有"真实"与"不真实"。你的全息图里的一切事物都是不真实的。一切事物都只是一个信念、一个幻象、一个谎言。

这也解释了为什么吸引力法则、正面的思考、观想、目标设定、显化技巧、自我肯定以及其他流行的自助策略和技巧无法持续奏效。你可以致力于吸引、做正面的思考、观想、设定目标、努力去显化、整天肯定自己，但是如果"大我"没有在"能量场"中创造一个模式，与你看上去正在吸引、思考、观想、为之设定目标、努力去显化或自我肯定的行动相匹配，并在其上赋予巨大的力量的话，那么它就不会出现在你的全息图中。

不论你有多努力，也不论你在想象的时候多么专注，也不论你进行过多少次正面思考，也不论你有多少次观想自己想要的结果得到了显化，或你回顾你所设定的目标，或有多少次你向自己重复一个自我肯定，或在磁带里听到那个自我肯定，这些都不重要。如果"能量场"中相应的模式没有发生改变，那么你的行动必然会失败，而这个改变必须由"大我"来发动。反过来说，如果你从一个模式中移去你所有的力量，那么这个模式就会被颠覆，而且那个模式在你的全息图上所创造的一切，都会从上面消失。

重点：

全息图里没有力量。当游戏玩家在全息图里玩游戏时，他／她身上也没有力量。所有的力量都在幕后，在那"真正的创造过程"和"大我"里面。

你曾看到过拆毁一栋大楼的录像吗？整个建筑瞬间坍塌。一栋大楼最初的建设是一点一点地、一块砖一块砖地、一根梁一根梁地进行的，而且耗时数月或数年。但是拆掉这栋楼却能在几秒钟或几分钟里完成。为什么呢？因为拆楼工人将炸药安放在大楼里面的关键部位，以破坏大楼的核心基础。当炸药被引爆以后，大楼很快坍塌。如果你从未看过那样的录像,请访问我的网站首页,去看一个例子。那是你致力于彻底摆脱"商业游戏"时,会牢牢记在脑海的一个非常强烈的视觉形象。我的网站:www.bustingloose.com/dynamite2.html。

"人性游戏"的第二阶段,其运行原理也一样。"大我"知道内涵力量最多的模式隐藏在"能量场"中什么地方,那些模式里面有什么,哪些模式对你限制最大,等等。在第二阶段,"大我"引导你到那些根本的模式中去,并支持你从中重新获取力量,消弭你的评判和后果,颠覆那些模式,并且由此从你的全息图里移去它们所包含的限制。

重申一下,就像拆楼一样,你不必颠覆你在第一阶段所创造的所有模式——你只需颠覆那些基础的、根本的模式。为了彻底摆脱"商业游戏",你颠覆你所创造的,那些最能限制财富向你自然流动的模式。这就是为什么我称之为"百年寻宝"。比起完全敞开、进入无限丰盛且不受任何限制的原初创造力,也就是你的本然状态,你曾发现过更有价值的财宝吗?

重点:
穿越第二阶段的云层,比在第一阶段制造这些云层,耗时要少得多,但它确实要花费时间,通常还得花费很多时间。

我打算强调一下我刚提出的观点,然后在后面的章节里会一再回到这一点。为什么呢？因为这很重要，而且对于第二阶段的游戏玩家而言，常常会成为一个暂时受挫的缘由。第二阶段的游戏，其设计初衷，是随时间慢慢展开，而不是在弹指一挥或一夜之间发生。那样的设计，目的是使你在洋溢的过程中可以体验到最终极的，突破天际的赞赏与感谢，然而，如果一件事发生的非常快速，你就不会感受到那种终极的赞赏与感谢，不管你的某一部分多么希望它就发生在"昨天"。

当石油公司为了获取石油而钻探时，无论在陆地上还是在水下，他们都使用独特的钻探设备。正如我们讨论过的，你也必须使用独特的钻探设备来穿越云层，并彻底摆脱"商业游戏"。为了发现更多的有关第二阶段的钻探设备，请翻过页，开始读第十一章吧。

---

① 弗朗西斯·培根语，《GIGA 语录》，www.giga-usa.com/quotes/topics/sun_t001.htm。
② 亨利·沃德·比彻语，《GIGA 语录》，www.giga-usa.com/quotes/topics/sun_t001.htm.

第十一章 组装钻头——第一部分

当你想要的东西不同于那些依恋和关系时,它们自己就会自然地脱落。你不必去打破它们,如同一堵声音组成的墙,它们自己便会消融瓦解。①

——瑜伽修行者 帕帕杰

有四样工具你可用以创造一个高效的钻头,用这个钻头穿过坚固、浓密的第一阶段的奇迹的云层,来钻探隧道。我打算在这一章里介绍这四样工具,我将详细讨论第一样工具,然后我们将在第十二章讨论其他三样工具。下面是这四样工具的名称:

1. 赞赏和感谢
2. 流程
3. 迷你流程
4. 转变词汇

这四样工具都极其有效,而且是"彻底解脱模型"的必需部件。然而在这四样工具当中,"流程"工具(我们将在下一章讨论)是"皇冠上的明珠"——是你在一段时间里使用最多的、最具转化力的工具。但在你学会使用"流程"工具之前,你得先发现"赞赏和感谢"这一工具的奇妙,所以,我们就从这里开始。

"赞赏和感谢"——工具1

如果你像大多数人一样,接受人们的说教,说金钱的目的是提供一个有效的交换手段,用来换取货物和服务。你听人说,古人是以物易物,但这种方式渐渐变得笨拙且效率低下,所以人们就创造钱币以简化这个过程。人们还教你说,在我们从硬币到纸币、到信用卡,再到电子转账转变的过程中,用金钱交换物品更容易、更有效了。然而,像第一阶段"人性游戏"以及其他事情一样,人们教给你的只是一张烟幕、一层乌云、一个幻象,目的是使你受诱骗,使你困在受限制、受束缚的状态之中。

当有人为你做了一件好事或帮了你一个忙,或者你收到别人赠送的贵重物品(价值),你怎样应对?你说"谢谢你",对不对?你对你收到的物品(价值)表达了赞赏和感谢,那个物品(价值)是你亲眼所见、你在自己的内在感受到的。如果你到商店、饭馆或是别的商业场所购物付款,你难道不也在获取某件有价值的物品吗?在这样的情况下,如果你是一个懂礼貌的人,你难道不该觉得感激并要说声"谢谢你"吗?

如果明天金钱会从这个星球上消失,情况会有什么变化?所有的店铺会不会都关门呢?所有的书籍会不会从书店里的书架上消失呢？所有的饭馆、商店会不会都关门呢？小汽车会不会不再在装配线上被加工呢？医生的诊室、加油站、干洗店以及复印店会不会都关门呢？你现在所享有或从中获益的货物或服务会不会突然之间不再能得到了呢？不会的！

所以，如果金钱消失了，但你仍然能得到货物和服务，那么在那个交易中还剩下什么呢？是表达赞赏和感谢！

对于你所收到的你仍然会感激，而且你还想向那些为你提供货物和服务的人说声"谢谢你"，你会收到某件有价值的东西，并想为此表示感谢。如果你到饭馆美餐一顿，你会对身边的服务生表示感谢；如果你在服装店挑中了一件漂亮衣服，你会对店员或店主表示感谢；如果你走进一家电子商店去买一台计算机或一部手机，买到后你会说"谢谢你"。

你所支付的每一张账单，都是为你所收到的有价之物付出的。你也许不愿付房租或抵押贷款，或是支付其他物品的应付账目，但你拥有的住房是很有价值的，是不是呢？你也许不喜欢还贷款，但是贷给你的钱使你有能力购买有价值的东西或做有价值的事情。对于应付账目上的每个物件，或堆在你桌上的每张账单，你都收到过某件有价值之物，该物品的确给你的商务活动提供了有力的支持，是不是呢？

你也许不愿看到你的欠账累积了那么多，但如果账单上显示你曾购买过十件物品，那么当你体验到每一件物品时，你同时也已得到它的价值了，是不是呢？如果你用第二阶段的透视力来仔细观察，那么无论何时你购物付款，你实际在做的只是说了声"谢谢你，我对我所得到的表示感谢"。然而，你将会看到，当我们使用第二阶段的"赞赏和感激"工具时，我们所做的远远超越简单地说声"谢谢你"或心怀感激。

重点：

无论何时，你在全息图里创造并体验一个收到货物或得到服务的幻象，这个创造有三方面需要表示"感谢"：

1. 你自己，因为你创造了那个逼真的幻象，创造过程中你所表现出的才华令人惊叹不已。

2. 你的创造——不论是人、地，还是物，因为你的创造看上去很逼真；也因为他／她／它在你玩"人性游戏"和"商业游戏"上提供了有力支持；也因为你从中得到的具体好处（比如，享用一个员工的贡献，一顿饭，印刷、广告、会计服务，一个存货清单物件的原材料，等等）。

3. "真正的创造过程"，使得上述 1 和 2 成为可能。

凭着你现在对"人性游戏"和"商业游戏"的了解，如果你在餐馆宴请一个重要客户，你用现金、支票或信用卡结账，那么你是在付钱给谁呢？给你自己，对不对？那里没别的人在收钱。所有人、所有物都是你的"意识"的创造物。所以，是谁最终在提供价值，并且真的被感谢和赞赏呢？是你！

你现在知道（如果你还不确信，那就从"模型"里），在我一直使用的餐馆的例子里，并没有一家餐馆存在。你的"意识"在创造着关于餐馆的幻象——房间、桌子、椅子、墙上的艺术品、里面播放的背景音乐、厨房、食物、盘子、玻璃酒杯、全体服务生、车辆驾驶员、主厨，以及和你共餐的其他人（群众演员，用电影的比喻来说），还有所有你在那里见过的别的人和物。这些人和物，没有一个在那里，然而你却相信他/它们在那里并且是真实的。那是一个令人难以置信的成就，所以你有一个好机会充分感受——并且表达——你对他/它们的赞赏和感谢。而且你每次这么做时，在后面的章节里你会看到，那条穿越第一阶段奇迹云层的隧道，就被挖掘得更加深入了一点点！

重点：

金钱的真正目的是表达赞赏和感谢，对于你（你所体验到的万事万物的创造者）的卓越之处，对于所有那些逼真幻象的非凡之处，对于产生这些幻象的"真正的创造过程"。

如果你像许多与我谈过话的人们一样，下面这个想法也许在你的意识里闪现过（或以后将会闪现）："我不能四处表扬自己，或自认为我所做的事情了不起。那会显得太自负或太以自我为中心了。"即使你并未有过这样的想法，那也请稍微跟随我一会儿,因为这样的想法以后可能还会出现。你记得我说过,"人性游戏"的第一阶段,一个关键目标是使你自己相信,你正处于"真正的你"的反面吗?这是一个极好的例子。

看看我们作为创造者是多么聪明、多么诡诈。"真正的你"是一个了不起的"无限存有"。在本然状态下,你对自己的每一方面,还有你所做、所体验到的每件事情表示的"赞赏与感谢"都是突破天际的。但在第一阶段,不允许有赞赏和感谢的体验。

所以,在第一阶段发生了什么呢?首先,我们并不允许对自己,或对自己的所做所为有过多的赞赏和感谢,或者完全不允许赞赏和感谢出现。

那样的体验通常被叫作什么呢?缺乏安全感或自尊心,并且我们都有许多这样的感觉藏在心底。即使我们声称对自己的某些方面或成就感觉良好,但在内心深处却并非如此——而且在第一阶段的奇迹被锁定之后,我们也不可能感觉良好。

但在"不允许赞赏和感谢自己"这一方面,我们还更进一步。我们也不会允许别人赞赏和感谢我们太多(有例外,但不多)。在受到别人赞赏和感谢时,大多数人是怎么做的?谦虚,是不是?我们会说:"哦,这没什么。"或说:"这是集体努力的结果。"或说些别的话,我称这样的话为"谦虚的辞令"。那么,当有人赞赏、感谢或恭维我们时,我们通常有何感受呢?尴尬和不自在，是不是？这是多么了不起的一个第一阶段的创造啊！

现在我们深入讨论"赞赏和感谢"这一工具吧。你曾感到付不出更多的爱了吗？如果你爱你的孩子、兄弟、姐妹、朋友或别的重要的人，你要么用言辞表达，要么用一次亲吻、一个触摸或某种姿势表达你的爱，事后你的爱会减少吗？你拥有的爱或你表达爱的能力，会因此而减少吗？

不会！

事实上，如果你仔细审视一下的话，你拥有着源源不断的爱，并且每次你表达爱，你表达或接受爱的能力实际上会得到拓展。对于赞赏、感谢和表达赞赏、感谢，包括以金钱的形式，道理也一样。你有着源源不断的爱，每次你表达感谢和欣赏，你表达或接受赞赏和感谢的能力也会提高。因此（我们将在后面几章里讨论这其中的道理），你若是表达、感受到更多赞赏和感谢，你若是对自己作为创造者、对于你的创造（幻象）、对于真正的创造过程，表达、感受到更多赞赏和感谢，那么，别人将会更多地表达对你的赞赏和感谢，包括以金钱的形式——这正是玩第二阶段"人性游戏"时你会体验的。

重点：

你的财源并不因你的捐献或花费而减少。实际上它会回流给你并且有所增加。

既然你已明白了"赞赏和感谢"的概念以及它所具有的转变力和拓展力,那么我们来稍微看看它的实际应用。然后我们会进一步改善它。下一章将为你展示"赞赏和感谢"这一工具,跟被称作皇冠上的明珠的"流程"工具,是如何发生联系的。

现在,如果你付账——无论是你本人还是通过你的公司,那么情况怎么样呢?在我主持的"现场活动"里,当我在提供教练、咨询服务时以及向"意识商学院"的客户,问起这个问题时,下面的回答是我听到的最多的:

- "这很可怕,因为我账面上的钱不总是足够的,而且如果我不付款,或我的账面上没钱了的话,那我可就麻烦了。"
- "我在为一件东西付账时,那就意味着我也许没有钱去做我想做的另外一件事了。这常常好像二选一的买卖,我可不喜欢这样。"
- "我只是感到屈从于这样一个事实,就是我必须支付的款项用光了我所有的钱。"
- "对我而言,这是个大麻烦。我本可以做别的事情的。我不喜欢花费时间在开支票,把支票装入信封,在信封上贴上邮票,然后放入邮箱这样的事情上面。"
- "在付账时我感到自己力不从心,我并不喜欢那样的感觉,所以用推迟支付的方式加以弥补,这会导致我不得不缴纳滞纳金,而被迫交滞纳金会使我因为表现如此愚蠢而生自己的气。"

- "我不介意付账,但付税金却让我大伤脑筋。因为那好像不正当、不公平。那是我的钱,我赚来的。政府凭什么要拿去那么多,根本不管我愿意不愿意呢?"

如果在付账或还款时,你有类似的感受或别的负面感受的话,那么当你产生这样的感受时,你事实上加强了三件事情:

1. 你对于自己"在力量和金钱上受限制"的信念。

2. 你对那些信念的判断。

3. 跟那些信念有关的现实结果。

其结果是,你在越来越强化你"在金钱上受限制"的模式,而且在你那样做时,金钱上所受的限制不得不一直持续留在你的全息图里。如果在付账或花钱时你的感受是"中性的"或"波澜不惊",你也许不会加强那个限制,但是你在错过一个机会:从那个模式里汲取力量,在里面溶解评判的"胶水",把谎言变成"真相",而且在第一阶段的奇迹的云层里打出更多的洞来。

在"人性游戏"的第二阶段,你用金钱的幻象(还有其他所有让你感到不舒心或受限制的幻象)给自己一个机会,即为了把你的关注点从花钱和付账单(还有其他你给自己撒的谎)转到表达赞赏和感谢上。要做到这一点,在开始的时候,需要练习、自律以及毅力,因为那对你来说很陌生,但最终会变得自然和熟悉。从现在开始,每次当你花钱、付账、开支票、递钱或签署信用卡支付小票时，你都需要花费片刻时间去赞赏和感谢你的创造（幻象）、作为"创造者"的你自己以及你所得到的价值。

此外，在你的生意中，除了虚幻的资金流以外，还有其他一些幻象，你把这些幻象描述为问题、挑战、坏消息、需要扑灭的火、危机等。在上述每一种情况下，你将会看到，你有机会在第二阶段里去赞赏和感谢你的创造（幻象）和你自己（"创造者"）。你还有机会对那些幻象如何给你实现第一阶段的奇迹提供了有力支持、如何在你穿越云层之际给你提供了有力支持，以及使这里提到的"实现奇迹"和"穿越云层"成为可能的"真正的创造过程"的伟大之处，表达赞赏和感谢。

如何用表达赞赏和感谢，来代替花钱和付账

十次里面有九次，我是用信用卡的方式表达赞赏和感谢的。所以当我在邮件里收到信用卡账单（我现在把这个称为收到"感谢和欣赏"的请求——这是对"转换词汇"工具的预习），签署信用卡小票或开支票时，我会看着那张账单，或逐条对照账单上面的项目，然后向它们所代表的创造物表达"赞赏与感谢"。

我的旅程走到这里，对于赞赏和感谢的感受和表达会自然地产生并持续扩大，而且我不必强迫自己去表达和感受。

然而，当我开始第二阶段的旅程时，情况很不一样，这种情况可能也和你开始第二阶段游戏旅程时要遇到的情况一样。

在第二阶段早期，我是按照如下方式表达赞赏和感谢的。比如，假设我在我最爱的寿司店美餐一顿后看着信用卡小票，我这样说来表达赞赏和感谢："哇！多么令人惊异的创造。"我创造了所有这些事物——饭馆、侍者、寿司、做寿司的主厨、我所喝的日本清酒、我用的桌子以及饭馆里的其他人。这一切都是我的"意识"创造出来的。这一切似乎很真实而且很美味！真令人惊异！我是一个极好的创造者。我给了小费、结过账并签过信用卡小票之后，我这样总结道："我从本然状态下的无限丰盛里表达赞赏和感谢，并知道当我这么做时，赞赏与感谢的表达只会拓展，而且会返回到我的身上。"

如果你曾有过使用被叫作"自我肯定"的自助技巧的话，你也许会这样想："那听起来只是'自我肯定'。我想你说过'自我肯定'没有任何力量的。"

在第一阶段，如果没有一个相应的"能量场"中的模式被赋予力量的话，那么"自我肯定"也就没有任何力量。而且，大多数人肯定的是他们并不认为对他们而言是真的或可能的事物。然而，当你在第二阶段肯定的是"真相"，这就是"大我"与你一起钻透云层的一部分，它确实是有力量的，因为你的"大我"正在帮你穿越云层，帮你拓展，以便新的模式在"能量场"中得以成长,以便支持你为此付出的努力。我将在后面几章详细讨论这一点。

如果我创造了一段在饭馆里的体验,被第一阶段视角的评判为糟糕,那么我会做出同样的事。为什么呢?因为正如我们所讨论的,在全息图里没有力量——在任何事物、任何人里面也没有。其他的人是我的其他面相,所说和所做的是我要他们说和做的。饭馆里的那些食物完全是我的"意识"创造的,所以如果我体验了所谓很差的服务或吃到了所谓很差的饭食时,我是从"能量场"中的模式创造了那个神奇的幻象,使我自己相信那是真实的,并判定那是不好的——这是一个巨大的成就,而且一定是一件值得赞赏和感谢的事情。我曾提到过,同样的这样一个思想,在你的生意中有很广泛的适用性,对于你现在评判为糟糕的所有人、所有地方、所有事物的幻象,都是一样的。

我给你举了表达赞赏和感谢时我所说的话,以此当作例子。但我一直在改变那些话。表达赞赏和感谢并没有任何的规则或神奇的公式。没有正确的方式、错误的方式、较好的方式或最好的方式。在第二阶段里,这些一个都没有。有的只是你所选择去做的,还有产生真正的值得表达赞赏和感谢的事情。你能总是相信自己和你的"大我",并且只是说和做你内心感受到的事情。

重点：

你向自己表达赞赏和感谢的那些话并不重要。那些语句帮你在内心创造出来的感受，才是重要的。"第二阶段"完全是关乎感受的！

当你像这样表达赞赏和感谢，而不是像现在一样仅仅是花钱或付账，那会发生什么呢？会发生两件事：

1. 赞赏和感谢的表达很好地支持你钻探云层。

2. 它最终会给你形成一个表达赞赏和感谢的不停的循环，那就意味着赞赏和感谢以金钱的方式流回到你身边。

还有另一种看待这个问题的方式。假设你去拉斯维加斯玩投币机游戏。假设你发现有这样一个老虎机：你每投入1美元，那个老虎机就立刻返还给你3美元。那么你想往那个投币机里投入多少美元呢？尽你所能，越多越好，对不对？每次当你投入1美元时你有何感想呢？很兴奋，是吧？因为你知道你将会收回3美元。当你彻底摆脱"商业游戏"，完全表达赞赏和感谢，而非花钱或付账时，最终的情况也是一样的。

当你在第二阶段的旅程中扩展到这一点（你会达到这一点，如果你玩第二阶段游戏的话）时，你将会知道，每次当你花钱或付账时，你实际得到的结果是，收回比你所表达的数量更多的钱。于是，一旦你彻底摆脱"商业游戏"，你实际上将会享有并渴望花钱和付账，还有享受这个经历而非害怕它，或拥有你现在所感受的不好的体验。

　　如果你的第二阶段的游戏旅程像我的一样（也有可能不像），那么，当你和你一直严厉评判的幻象互动时，你会难以真的感到表达赞赏和感谢。关于这一点，我将在后面几章谈更多的内容，但现在我只想说，尽力而为吧！使用加强"真相"的话语，尽力而为去感受其中的"真相"吧。举个例子，你可使用这样的话语：

- "哇！我能哄骗自己那样想、那样感觉，真是令人惊异！"
- "哇！看看那个。我真的能让自己相信＿＿＿＿。"
- "伙计，＿＿＿＿似乎那么真实，却只是一个幻象。"

　　我可以向你绝对保证，即使在一开始，表达赞赏和感谢感觉起来空洞而虚假，或像是胡说八道，但它确实为你开启了一扇门，而且以后会慢慢拓展。关于这一点后面会再说。

　　这里再举一个表达赞赏和感谢的例子，让我们假设：明天早上你会在上班路上经过的一家咖啡馆停下，花4美元买一杯香草拿铁。当你给店员4美元时，你心里可以这样对自己说（而且尽量真的去感受到它）："哇，这太酷了。我创造了这家咖啡店。我创造了那个浓缩咖啡机、咖啡豆、牛奶、蒸馏器、糖浆以及杯子。我创造了店员和所有和我一样光临这家咖啡馆的人。"然后，当你品尝到这又甜又热的液体时，你又可以说（并去感受）："哇！"为什么呢？因为并没有咖啡馆，也没有浓缩咖啡机，没有咖啡豆，没有牛奶，没有蒸馏器，没有糖浆，没有杯子，也没有又甜又热的液体。这一切都是烟雾和镜像——都是一个幻象。你只是使自己相信那里有这一切，并且是真实的，味道尝起来还不错。

那真是一个了不起的、伟大的、神奇的、令人惊喜的、超自然的成就！

赞赏和感谢它吧！

重点：

你的生意里所发生的一切事情（不只是金钱上的幻象）能（而且也会）得到突破天际的赞赏和感谢，不管你创造怎样的"判断的故事"，并使自己相信那是真实的。

在"人性游戏"的第二阶段，除了把关注的焦点从花钱和付账转向表达赞赏和感谢，你还可以再给自己两个机会，来支持你彻底摆脱"商业游戏"。

首先，你可以给自己一个礼物，就是赞赏和感谢所有看起来从别人那里得到的钱。现在，当你收到一张付款支票、一张奖金支票、一张红利支票、一张委托金支票，或任何以金钱方式表达的赞赏和感谢，你怎么回应？你会为此感到极大的赞赏和感谢——为你自己作为"创造者"，为那创造本身，也为那"真正的创造过程"？还是，你认为这是理所当然的，还暗自咒骂，因为那张支票的金额没有更大一些，或立刻把你账单上的数额和你想要却觉得不足的数额相比？不管你现在做出什么样的反应，你现在都有机会把它变成一次赞赏和感谢的表达，并开始为你往老虎机里投进去的每1美元，收回那3美元，如果我们要继续使用那个比喻的话。

重点：

你要为那些看起来从你的生意和个人账户里流出——也包括流入——的钱表达赞赏和感谢。

比如说，我拥有并经营着数家公司，而且跟另外几家公司还有合作关系。在"人性游戏"的第一阶段，我把那几家公司和我从中得来的款项作为我财富的来源。到第二阶段时，我知道它们并不是我财富的来源（我的"意识"才是），但我仍然以从公司赚来的金钱的形式对我自己表达赞赏和感谢。我是这么做的：在我从公司账目上给自己开出一张支票，或从我的合作伙伴那里收到一张支票时，我遵循了我刚概括的步骤。为什么呢？因为那些支票并不是真实的，那些公司也不是真实的，还有那些购买了公司的产品和服务，从而使得公司有能力给我支付的顾客，也不是真实的。那一切只不过是一个伟大的创造和幻象，而对这整个经历我是极为赞赏和感谢的！

除了从我自己的公司和与人合作赚到的钱以外，我还收到我写的书，以及我所录制的、已由别人出版和销售的音频合辑的版税，再加上其他的委托金，还有其他各种经济回报。当我收到那些支票时，我也向它们表达了赞赏和感谢。

同样，如果你拥有自己的公司，担当公司的首席执行官或是某个分部、某个项目的负责人，而且你看着钱好像流入你的公司、你所负责的分部或项目时，你就有机会以同样的方式对那个流入的金钱流的幻象表达赞赏和感谢——而不是忽视它，认为它理所当然，或评判它不够、比预计的少。

第二个你能给自己的额外机会是，完全赞赏和感谢你已经创造的，赞赏和感谢你一直在全息图里所享有的东西，而不是对其品头论足，或评判其理所当然，或眼睛只盯着你并不具有的。如果你评判你现在所拥有的，认为它不好、有所欠缺、令你讨厌，不是你想要的，你想要更多，你想要不一样的东西，等等，那么你在做什么呢？你是在加强那个幻象，即那一切都是真实的，而且你是受限制的。如果你只关注你所不具有的，那么你在做什么呢？在做同样的事。

你现在在你的全息图里体验的一切事物都在那里，因为你的"大我"在"能量场"中创造了一个复杂的模式，并赋予其能量，使之出现在你的全息图上，看起来绝对真实。没有意外的事故，也没有错误。你过去所体验和感受以及现在正体验和感受的无论什么事物，都有极为美好的设计，而且绝妙地进入了你的全息图，给你玩"人性游戏"和"商业游戏"提供有力的支持,并且完全按照你预想的方式——不论你从过去的角度如何评判它、给它贴上什么样的标签。

重申一下,所有的幻象因其伟大都真的值得赞赏和感谢!在后面几章,我将详细讨论这一点,但是现在让我这么对你说吧:一旦你进入第二阶段,足够深入,而且拨开足够多的云层,那么,你就会创造出你想拥有的任何事物,但首先你必须完全赞赏和感谢你已经创造的一切。如果你不这样去做,那么这就像往老虎机里投进1美元却什么也收不回来一样。在你本来能收回3美元的情况下,为什么要这样做呢(当然这是在比喻意义上说的)?

重点:

完全赞赏和感谢你已经创造出来的事物,是可能的,也是很容易的,即使你也许会选择在别的时间创造别的事物。

顺便说一下,就作为我结束本章之前所做的补充吧。"增值"是一个术语,在传统的经济界被用来描述投资或投资组合在价值方面的增长,而它与"赞赏和感谢"是同一个英语单词,你认为这是不是一个意外事件呢?作为"人性游戏"第一阶段的组成部分,我们在各处把找到真相的线索隐藏了起来,但确保我们不会真正看到那些线索。如果你跃入第二阶段,那么你将随处看到那样的线索,而且觉得那个线索特有趣、特迷人。

当你准备好了要去发现那个"流程"工具——皇冠上的明珠,你将把它和"赞赏和感谢"工具合并在一处,改变你嵌入"能量场"中的模式时,用来限制流向你自己的丰盛财富的模式时,就请翻过页,开始读第十二章吧。

---

① 帕帕杰语,引自凯蒂·戴维斯,《觉醒的欢乐》,美国觉醒精神出版,1993年版,第41页。

第十二章　组装钻头——第二部分

> 这个认识就是自由，是从那个"我"中解脱而来的自由，也是从那个"自我的奋斗、焦虑、受苦"的模式中解脱而来的自由。是进入平静和欢乐以及幸福的心灵释放。[1]
>
> ——达萨拉斯·德布

在上一章里，通过转入"彻底解脱模型"的实用方面，还有发现"赞赏和感谢"工具的神奇之处（我用的是另外一个比喻），你已跳上驾驶员的座位，并系好安全带，准备在"人性游戏"的第二阶段，进行一次迅捷而疯狂的驾乘。为了延伸那个比喻，现在是插入钥匙点火，启动汽车，脚踩油门，加速朝着彻底摆脱"商业游戏"的方向疾驶而去的时候了，也是为你开启直接体验"真正的你"的"真相"大门的时候了。

在这一章，为了拓展你对"赞赏和感谢"工具的认识，你将会发现构成钻头的最后零件的其他三个工具，你要使用钻头来穿越第一阶段的云层。其他那三个工具是：

1. 流程
2. 迷你流程

3. 转变词汇

我想给你介绍一点总的背景情况，然后我们就逐一详细讨论另外那三个工具。实现第一阶段的奇迹有五个步骤：

1. 你的"大我"创造了"能量场"中的模式，并赋予其巨大的力量，使之作为第一阶段的奇迹，出现在你的全息图上。

2. 你的"大我"将你完全沉浸在那些幻象当中。

3. 你看着那些幻象，与之互动，撒谎骗自己，说有关那些幻象的谎言（也就是讲那些加强第一阶段互动关系的故事），而且评判它们，这意味着你用"胶水"粘牢那些谎言／幻象。

4. 你一再重复第三步所描述的步骤，发挥你能够支配的每一个资源，从你自身的视角和体验，到看起来在你外面的人和事物（父母、兄弟姐妹、教练员、教师、朋友、同事、老板、员工、合伙人、警方、媒体、大自然、经济、股市、税务当局，等等）。

5. 你不断重复第一至第四步里所描述的步骤，直到你完全相信幻象的真实性，而且在那个幻象当中，你正处于"真正的你"的反面。

因此，在第二阶段，整个游戏就是使那些互动关系逆转回来。为了使互动关系逆转回来，并拨开云层，你的"大我"要遵循下面五个步骤：

1. 在"能量场"中创造一些模式，模式的设计目的，就是支持你重新体验和感受——以各种不同的方式、形态以及形式，通过令人惊异的故事——你曾经所创造的、使你自己因于第一阶段的那些限制和束缚你的关键模式。

2. 给那些模式赋予能量，将你置于全息图里的故事当中。

3. 和你一起工作，与故事情节里的细节和人物互动，并说出他们的"真相"（随时间推移这会慢慢消融掉评判）；那些支持着模式不断重复在你全息图中出现的力量，将会被你收回；向作为"创造者"的你表达赞赏和感谢；向你的创造/幻象本身表达赞赏和感谢。

4. 一再重复第三步所描述的步骤，发挥你能够支配的每一个资源，从你自身的视角和体验，到看起来在你外面的人和事物（父母、兄弟姐妹、教练员、教师、朋友、同事、老板、员工、合伙人、警方、媒体、大自然、经济、股市、税务当局，等等）。

5. 不断重复第一至第四步里所描述的步骤，直到你想要在第二阶段拨开的云层无论有多少都会被拨开。

我曾提到，第二阶段游戏的设计目的是，在玩游戏的很长一段时期中，让你每次一点点地穿越云层，以便你最终能以非同寻常的方式赞赏和感谢我所称作的"洋溢的旅程"。下面这些例子有助于解释我的意思：

- 巧克力：如果你喜欢巧克力的味道，并且你买了一大块，你是不是想立刻把它放入口中吞下去呢？不是的。你想的是把它切成小块,慢慢咀嚼,慢慢品尝,对不对?

- 香槟酒:如果你喜欢好香槟的味道,你是不是想打开瓶盖一口喝下去呢?不是的。你会把香槟酒倒入玻璃杯,小心翼翼,生怕泡沫溢出来浪费了那珍贵的液体,然后你一小口一小口地啜饮,慢慢品尝,对不对?

- 电影、戏剧、小说:你真的想要一部电影或一出戏剧只有两分钟长,或一部小说只有一页长吗?不是的。你想要的是,电影和戏剧情节在数小时的时间里慢慢展开,好让你欣赏到完整的故事。而且,你想要一部小说有足够的长度,也是出于同样的理由。

- 爬山:如果你喜欢爬山,并已决定要体验抵达珠穆朗玛峰峰顶的那种兴奋——挑战极限——的感觉,你是不是想乘直升机到顶上,或者在山脚下打个响指就瞬间到达山顶呢?不是的。你想的是爬山,不管花费多少时间,也不管爬起来有多艰难,你想的是去体味爬山过程中的每一个时刻。

- 棒球、网球、高尔夫球:如果你喜欢观看或打棒球比赛,你是不是想让这个比赛在一次进球后就结束呢?如果你喜欢观看或打网球比赛,你是不是想让这个比赛在一次发球后就结束呢?如果你喜欢观看或打高尔夫球比赛,你是不是想让这个比赛在一次进洞后就结束呢?不是的。为什么呢?因为比赛在更长时间里进行,使你能够得到更多乐趣、更多赞赏和感谢的体验。

在玩第二阶段"人性游戏"时,情况也是一样的。

为了清楚地说明这一点,再举最后一个例子:如果你进入第二阶段,立刻收回了你全部的力量、智慧、丰盛以及"真正的快乐",那就相当于在新英格兰"爱国者"队和纽约"巨人"队之间安排"超级碗"比赛,让所有球员、教练员、裁判员、其他工作人员以及球迷来到体育场,使数百万观众在全世界范围观看,然后让裁判员打个响指说:"好了。'爱国者'队刚以37:10的比分赢得比赛,你们都可以回家了。"

参赛球员并不想回家,教练员、裁判员以及工作人员都不想回家,球员和球迷也都不想回家。人人都想看完每一局比赛,直到结束,不管经历怎样的波折,不管比赛多么艰难,也不管最后的结果是什么。球员想要比赛,因为他们喜欢这个游戏。好了,作为"人性游戏"的玩家,你一旦进入第二阶段就也"不想"回家了(尽管某一部分的你会说,你想回家)。你想要玩是因为你喜欢玩"人性游戏",即使现在,第一阶段云层阻挡了你的视线,在你看不到"真我"的太阳的情况下,你也并不那样认为。

重点:
有一句受人欢迎的励志格言是这样说的:"生活是一段旅程,而不是目的地。"这很适合"人性游戏"第二阶段的游戏旅程。

由于你在第一阶段受限制的体验和感受，也由于你在其中不断受挫，可以理解你想要立刻恢复你所有的力量、智慧、丰盛以及"真正的快乐"，尤其是当你体味了第二阶段你可能体验的事情时。我最初进入第二阶段时，也是那样想的。

然而你必须明白：第二阶段的游戏并不是那样玩的——你也并不想那样玩，即使这个想法似乎很吸引人。好了，让我们开始讨论"流程"工具吧。

"流程"——工具2

四种工具合起来组成你在第二阶段所用的钻头。其中每一种工具都起着重要的作用，但是"流程"工具可以被称为其中力量最大的起重机，尤其是在第二阶段早期。就把它当作钻头上真正接触浓密、坚固云层的尖端部分吧。

"流程"工具是我所研发和使用过的最不寻常的工具。能够使用"流程"工具，是本书前面所有章节和游戏"拼图"一直致力搭建的，而且也是你阅读这本书所能收到的主要礼物之一。然而，如果没有在本书前几章里所介绍的其他"拼图碎片"作为基础的话，你将看到，对"流程"工具所做的解释完全讲不通，而且你也没有得到足够的力量去充分利用"流程"工具的好处。

使用"流程"工具其实不难。它本身就有很多乐趣，一旦你开始使用并慢慢习惯的话。然而，和学习其他新技能一样，起初它也会让人觉得奇怪和尴尬。力量隐藏在你玩"人性游戏"时所体验的全部幻象当中。然而，最大的力量、最大的谎言以及最大的幻象，恰恰就在你感到不舒心的地方。你现在知道了，"真正的你"是一个"无限存有"，持续不断地处于"真正的快乐"的状态。像这样的话，你就不可能体验到任何不舒心。你也不可能感受到恐惧、焦虑、挫折、不耐烦、尴尬、耻辱、愤怒、沮丧或其他你视为负面感情的情绪。

唯一能够让你看起来体验不舒心（负面情绪）的方式是，你创造一个"能量场"中的模式，给那个模式赋予很大的力量，使幻象进入全息图，并相信那个幻象是真实的。而且，你越是感到不舒心，你就越是感到消极，那些负面的情绪就似乎越发强烈——这一切说明你把自己推离"真正的你"有多远，也说明你得再费多少力，才能让自己相信那个幻象的真实性，还有，你得再费多少力才能实现那个幻象。

这么来说吧，如果你身高3米，而我想使你相信你的身高是2.8米，这并不太难，是不是呢？但如果你身高3米，而我想使你相信你的身高是0.9米，那就难了。为什么呢？因为事实和谎言之间的差距太大。同样，如果你使我太太相信她打不好高尔夫球，这也不是难事，因为她知道她打不好。但如果你想使老虎伍兹相信他打不好高尔夫球，那就是一个很大的挑战，因为事实和谎言之间的差距太大！

重点：
幻象越大，谎言越大，为使之显得真实需要花费的努力也就越多。

因此，为了支持你钻探云层，你的"大我"会创造一些模式并激活那些模式，这些模式使极其不舒心的故事进入你的全息图，让你来体验和感受并在故事中使用"流程"工具。

然而，当我说那些不舒心的故事并不新鲜时，请听好。你将再次体验那些故事，其主题和内容你在自己的整个人生中一直体验着。在第一阶段，那些模式/故事会在你的个人生活和商务活动里不断重复——在你前面的是不同的人、地方以及事物，而你在这个重复的过程中哪里也去不了。你就像一只狗，在跑道上不停地跑，却永远也追不上兔子；或像一只仓鼠，在跑轮上无休止地跑，却哪里也去不了。然而到了第二阶段，当那些故事被"大我"重新创造时，这些故事看起来可能和以前相同也可能不同，你就将有机会把"流程"工具使用到那些故事上面。而当你那样做时，你就是在钻探云层，而且你将会到达一个令人惊叹的地方！

我们在第二章讨论过，自你出生那一刻起，你就开始隐藏你巨大的力量、智慧、丰盛以及"真正的快乐"，并让自己相信自己正处于"真正的你"的反面。你也相信,"真相"的大多数藏身之地是那么痛苦、危险、恐怖,甚至致命,以致必须不惜一切代价去避免。你相信,如果走进那样一个地方,就会发生恐怖的事情——你会死去、迷失自我、失去婚姻和孩子、遭受耻辱或尴尬、应付你应付不了的事情,不论那些事情是什么。你很清楚对自己来说,"不该去的"地方和"不该有的"情绪是什么,因为你的整个人生一直在体验着它们。

再说一次,在第二阶段,你的"大我"将把你带回那样的地方并支持你转化它们,通过讲出有关它们的"真相",收回促使幻象出现和重复的力量,并使幻象重复出现,强化你对自己(作为创造者)以及你所创造的东西的感谢和赞赏之情。

一旦你足够多地使用"流程"工具,挖掘足够多的隧道,在坚固、浓厚的云层里钻出足够多的洞,并使越来越多"真正的你"的太阳穿过它们而照耀,那么你的全息图就开始发生改变了。然后,你的全息图会发生更多改变,而且改变的速度也开始加快,这是真正酷的时刻。随着你不断地洋溢,而且越来越多地颠覆"能量场"中限制你的模式,你本然状态下的力量、智慧、丰盛以及"真正的快乐",就开始穿过云层里的洞而照耀得越来越多,你的生活和生意就会越变越精彩。

现在我来解释如何使用"流程"工具。请记牢重要的一点:"流程"工具有一个核心结构,而且对于如何在那个结构里工作,是有一些指导原则的。你每次使用"流程"工具都要给予那个核心结构以尊重。如果你不尊重那个核心结构,那么它就不会支持你钻探云层。

然而,有关如何在那个结构里工作的核心指导原则只是指导原则,而你是有着很多自由和活动空间,来按自己的喜好对那些指导原则进行修改的。总之,对于如何使用"流程"工具,并没有一种方式是最佳方式、规则或神奇的方案。就像"人性游戏"里的所有事情一样,"流程"工具必须按照你作为一个独特的"无限存有",为完成你独特的使命,根据你的独特需要而量身定制——而且必须允许你随着自身情况的改变而加以改变,如果那就是你有意去创造的事物的话。

我将着重解释那个核心结构的组成元素,并和你分享那些我为我自己、我的客户以及我在"意识商学院"[②]里的学生,所研究出来的指导原则。然后,我鼓励你在慢慢改变"流程"工具时,跟随"大我"的带领。使用"流程"工具,用它做各种尝试,并使之成为你自己的工具。我在起初使用"流程"工具时,和在"人性游戏"第二阶段后期使用"流程"工具时所做的事情,是很不同的。

我现在要向你概述一下使用"流程"工具所采取的步骤,然后我们将详谈其中的每一个步骤。记住,这些步骤始于进入全息图,给你带来不舒心感受的经历——或大,或小。

对"流程"工具的概述

当你体验到任何不舒心的感受时,按照下面五个步骤去办:

1. 深入其中。
2. 尽可能充分地感受那些不舒心的感受。
3. 在其达到强度的顶点时,说出有关它的"真相"。
4. 从中收回你的力量。
5. 为你自己和你的创造而表示赞赏和感谢。

在第二阶段,每当你感到不舒心,不论是感情上的,还是身体上的,尤其当涉及生意和钱财的时候,你都可以使用"流程"工具。这就意味着如果你感到不舒心,比如说,你每季度都会遇到下列情况:没有达到你的预期结果;失去你最大的客户;一个重要员工辞职了;一个团队成员犯了一个大错,使你损失惨重;股市崩盘。

你也可以使用"流程"工具,在你感到不舒心且发现自己正在思考类似下面的问题(从生意或个人的角度)时:

- "我能买得起那个吗?"
- "我该不该签那个合同呢?"
- "我该不该聘用那个人呢?"
- "我该不该解雇那个人呢?"
- "我该不该购买那件东西呢?"
- "现在就购买那个东西算不算稳妥呢?"

- "我真的现在就需要那个东西吗?"
- "如果我买了那个东西,或是做了那件事,我的配偶会怎么看呢?"
- "如果我做了那件事,我的合伙人/老板/董事会会怎么看呢?"

重点:

如果你感到不舒心,你会得到机会,去使用"流程"工具,但这并非强制。

注意,我说的是:得到机会,去使用"流程"工具,但这并非强制。这很重要!在第一阶段,我们当中有那么多人,记住了我们应该做什么和怎样做的规则和方案,然后给我们自己施加了很大的压力(而且使我们自己很紧张),迫使我们自己把事情做得完美无缺。第二阶段的游戏,还有使用"流程"工具,可不像那样。第二阶段的游戏,还有使用"流程"工具,并不关乎你迫使自己出于意志力或自律去做事情。第二阶段的游戏,还有使用"流程"工具,也跟压力、紧张、过于执着、过于追求卓越或完美无瑕无关。在本章里,我将和你分享更多这方面的内容。

好了,我们现在开始详细讨论使用"流程"工具每一个步骤的指导原则吧。

步骤1：深入其中

伪装成不舒心的感觉的巨大力量，是很真实、很明确的。你能感觉到这种力量。你也许感觉它是一个巨大的、充满能量的、振动着的球。你也许感觉它是一次威力巨大的飓风或龙卷风。它也许像一次旋风或激流下面的潜流。你以何种方式体验和感受它，这并不重要。我们都是不同的，而且我们都以不同的方式感受各种情绪、能量和力量。只是注意那里有什么在等着你。不管你不舒心的感受是什么样的，在"意识"里（也就是在你的想象里），你深入其中（或跑，或走，或跳，或进行对你管用的任何形式的运动）。我使用"深入其中"这个字眼，仅仅是因为那是我在自己的旅程当中所体验的方式。

不管你选择如何去做，你都要完全沉浸在不舒心的感觉里。在开始的时候，如果你闭上眼睛使用"流程"工具的话，它也许会更容易。后来，它就不重要了，而且你能在忙忙碌碌中做到，甚至当你正和别人谈话时也可以。

步骤2：尽可能充分地感受那些不舒心的感觉

一旦你完全沉浸在不舒心的感觉当中，就尽可能充分地感受吧。只是去感受它们，感受其强度，感受其中的"波浪"，感受其中的原始力量，不管对你而言那些感受是什么样的。如果你能增强感受的强度，甚至使自己去感受其中更多的东西，那么去做好了——因为你感受得越多，钻头就越深入你穿透云层所挖掘的隧道。

我这么说是因为在第一阶段，我们许多人都创造了一个互动关系，在感受到情绪之前，我们自动减弱了所有情绪的强度。比如说，一种感情的真正强度也许是100度，但在感受到这个强度之前，我们却将其减弱到60度，因为60度感觉更安全。因此，用这个例子，如果你感觉的是60单位，那么可能实际上就有另外40单位的力量你能用来使用"流程"工具。如果加大强度能让你感到舒心，那么就去做好了。如果那样做并不使你感到舒心，那也没什么大不了的。以后你还会回去，感受其余的力量。你的方式是不可能出错的。为什么呢？因为你将会在后面几章里发现，你的"大我"就在那里和你一起，确保你以最正确的方式进行！

重点：

当你使用"流程"工具时，只是尽力去感受那不舒心的感觉，达到你允许自己能做到的极限——无须思想、逻辑、知识、判断、贴标签，或对正在发生的事情进行分析。只是在那一刻尽你所能去感受它。你的最佳状态会随着时间的流逝而自然拓展。

你所感受到的强度，不论你如何评判或贴标签，总归是你的力量。那就是"真正的你"。这些体验通过模式出现在你的全息图中,并使你相信它是真实的,现在你必须将工具运用其上。如果你感到不舒适的感觉快让你崩溃了,那么你可以停下来,但我邀请你全力以赴。危险的感觉只是你在第一阶段所使用的一个老把戏,把你和你的真实力量以及"真相"隔开。如果你愿意,你完全可以放心地忽视那个把戏。你的"大我"让你应付的事情永远不会多过你所能应付的,不管表面看起来怎么样。

步骤2的核心结构元素是,尽可能充分地体验那些感觉。你去感受的方式,还有你在这个体验中看见、感受、听见以及你为自己创造的所有事物,都取决于你,而且能随时间的流逝慢慢改变。我解释过,"人性游戏"第二阶段里的任何事情,都没有规则和公式。

步骤3:在其达到强度的顶点时,说出有关它的"真相"

当你沉浸在不舒心的感觉当中,并尽可能充分地感受时,你将会注意到你不舒心的感觉到达了它自己的自然强度的顶点了——或你将会注意到自己到达了当时你所愿意感受的极限了,相信你知道什么时候那个顶点或极限到达了。抵制住第一阶段喜欢过分分析的诱惑,鼓励自己这样说:"我必须找到那个完美的顶点。如果我错过的话,那我就太傻了。"你只管尽力而为并相信你的"大我",尤其在刚开始的时候。当你越来越多地使用"流程"工具时,情况会变得更为容易。

在其自然地达到强度的顶点时,说出有关它的"真相"。那意味着什么?那意味着你肯定了"真正的你",你的力量到底多大,你创造了它,它并不是真实的,只是你的"意识"的一个创造。为了做到那一点,你必须想出一个辞令来描述"真正的你",并且能够与你产生共鸣,支持你尽可能地感受到力量和无限。下面是一些事例,你可以利用或改编这些事例,或者你也可以创造自己的辞令。用什么样的辞令并不重要。唯一重要的是所使用的辞令会给你带来什么样的感觉。第一个辞令是我在自己的整个第二阶段的旅程当中所使用的。其他辞令是我在"意识商学院"里的辅导团队和学生们使用的:

- "我是上帝的力量和存在的体现。"
- "我是具有无限智慧的力量。"
- "我是纯意识的力量。"
- "我是宇宙的终极力量。"
- "我是一个纯粹光亮的生命。"

一旦你选择了一个辞令(它会随时间改变和演化),你随后就追加上你对"真相"的肯定,而且扩大了你所用辞令的内涵。这里有一个例子,说明你如何说出一个幻象的真相。这个幻象使你不舒心,这里使用的是我为"真我"所选择的标签:"我是创造这一切的上帝的力量和存在的体现。这并不真实。这完全是杜撰的。这只是一个故事,是我的'意识'的一个创造,貌似真实而已。这只是伪装起来的'真正的快乐'。"

步骤 4:从中收回你的力量

在说出你所创造的东西的"真相"之后,你就可以从中收回你的力量了,你所用的方式是,用语言、看形象、感受感觉,或者这三者的结合。比如说,你可以只用语言这样说(我就是这么做的):"现在我从这个创造中收回我的力量了。"或者你可以看到力量流入你的身体,或者你可以感觉到力量流入你的身体并通过你的身体,或者你可以感受某种语言、形象和感觉的结合。尽管相信你受到触动去做的任何事情吧。在你做这一步骤时,你所选择的语言、形象和感觉里没有神奇之处,也没有实际的力量。它只是一种方式,你可以借此认识到,你收回力量的时刻到来了。

步骤 5:为你自己和你的创造而表达赞赏和感谢

在第五也是最后一个步骤中,你看看那个幻象,看看那个你所创造的,使你不舒心并使你完全沉浸其中的"电影场景",而且你赞赏和感谢这个创造是那么伟大,你只有凭借非凡的本领才能创造出它。而实际上它只是特效、烟幕和镜像组成的,你竟然能相信它是真实的,这是多么令人惊异的事啊！在上一章里，我们讨论了如何做到这一点，但我想回到第二章里我跟你分享过的那个"影院拐杖"的比喻，而且邀请你使用它，为你在"流程"工具里的"赞赏和感谢"这一步骤提供支持。

再想象一下，你坐在影院正看着银幕上令你极其不舒心的电影。想象在你所看到的场景里有一个男人、一个女人以及一个孩子。现在想象，在那家影院后面，靠着后墙的是三个演员，扮演你所看到的场景里的男人、女人以及孩子，另外还有电影的导演、化妆师、特效工程师。让我们称这群人为创作团队吧。

当你坐在座位上痛苦不安时，创作团队在做什么呢？他们在庆祝！在表达赞赏和感谢！他们知道那并不是真实的。他们知道那一切都是虚构的。他们知道那一切只是故事。他们知道事实上并没有人生病、受伤或受虐、生活、死去，或赚了100万美元。因为他们不把场景上演员的行为当真，或对故事情节的展开做出评判，那么他们是可以自由地庆祝以及赞赏和感谢他们为这样有效的一个幻象所做出的创造性的贡献了。

现在，让我们把这个比喻使用到"流程"工具的"赞赏和感谢"步骤吧。无论何时你沉浸在使你不舒心的幻象当中，那就等同于你坐在影院里对银幕上演员的行为感到大不舒心一样。当你在使用"流程"工具，开始转入"赞赏和感谢"

步骤时，那就等同于你起身离开影院里的座位，来到影院后面，加入创作团队，分享他们的真相视角，和他们对幻象的赞赏和感谢。

你看过电影《侏罗纪公园》吗？如果没有，让我来告诉你，那是一个关于恐龙的故事，而且好莱坞的动画制作师们手艺非凡，在银幕上创造了真实程度难以置信的恐龙的形象。你觉得当那些动画制作师们初次看到他们的创造物，也就是大屏幕上他们辛苦创造出来的幻象时，他们是怎么想的吗？他们感到的是对于他们自己还有他们的创造物的极大赞赏和感谢。那就是在你使用"流程"工具，穿越云层，并开始感觉"真正的你"的太阳照耀进了你的全息图时，越来越多地感到的。

从本质上说，在"流程"工具的最后一个步骤，你只需要尽自己最大努力去肯定并感受那个"哇！"，这声感叹出自于你一直以来努力营造的幻象，并让自己沐浴在发出感叹的原因，也就是你作为"创造者"的伟大之中。我称之为"哇效应"。和第二阶段所有其他事情一样，"你所能做到的最好"将会随时间的流逝而自然拓展。

在开始时，对其中一个或多个步骤（尤其是"赞赏和感谢"步骤），所有事情也许听起来或感觉起来空洞或虚假。那不要紧，无论如何去做吧，而且坚持做下去。随着时间的推移，所有事情会变得越来越真实，而且让人觉得越来越真实——自然而然地。

重点：

你必须总是尽力而为地去真正感受，隐藏在所有你说的话、看到的形象、感受到的感受后面的"真相"，来支持你使用"流程"工具的每一个步骤。和第二阶段所有其他事情一样，"你所能做到的最好"将会随时间的流逝而自然拓展。

对于钻透云层，这是不是似乎过于简单了呢？如果是这样的话，你得清楚，这不光关乎你使用"流程"工具时所做的事。你是在和你的"大我"肩并肩地使用"流程"工具，而你的"大我"正在带领你到"能量场"中那些模式里去，并帮助你瓦解那些模式。

在第一阶段，你的"大我"尽他或她的力使你相信那个幻象的真实性，使你相信在那个幻象当中你处于"真正的你"的反面。到了第二阶段，你的"大我"尽他或她的力使上述一切逆转回来，并支持你拨开云层，使你洋溢，回到对"真正的你"的直接体验当中去。借助"流程"工具，你就能逐渐地从那些过去一直限制、束缚你的模式里面汲取力量了。玩"商业游戏"时，你也同样能从那些模式里面汲取力量。你也会消解储存在那些模式里的看法、判断以及结果（例如，你在第一阶段里用以固定幻象的"胶水"）。

"流程"工具的五个步骤看起来是不是令人困惑呢？如果是这样的话，在你的"大我"的帮助下，你持续使用一段时间之后，就不再感到困惑了。我已经把"流程"工具教给世界各地成千上万的人了。学习的过程总要付出努力，但大家都很快就学会了，而且随着时间的推移，使之变成了他们自己的东西。你也会的！其中最难的部分，以我的经验来看（它们对你来说可能会比较容易，因为我们的情况各有不同）的话，就是找到勇气去潜入头几次那不舒心的感觉，如果你感到恐怖或危险的话，全然地赞赏和感谢这个仍然被你评判为坏的或负面的创造物，将会非常困难。然而，所有这一切会随着不断练习而改善。

下面是五个步骤的程序，便于你再次使用"流程"工具时参考和回顾。当你由于内心感受的不舒心到达其强度的顶点时，你就潜入不舒心的核心，而且用你自己的话（并且／或者用形象和感觉）这样说：

1. "我是 _____，正在创造这一切。"（用你所选择来描述"真正的你"的词语填空。）

2. "这不是真实的，这完全是虚构的。"（尽可能充分地感受那些词语的意义。）

3. "这只是一个故事，是我的'意识'的一个创造，伪装起来的'真正的快乐'。"（尽可能充分地感受那些词语的意义。）

4. "我现在从这个创造中收回力量了。"

5. 现在，全然地赞赏和感谢那个正被加工的幻象（创造出这个幻象，你得拥有多么惊人的才华），并使自己相信那个幻象是真实的，你的创造有多惊人啊！在第一阶段和第二阶段它们给你提供了多好的服务啊！

现在我们用一个具体的事例来感受一下"流程"工具吧。请随意一点，随着我的讲述也创造你自己的事例，如果我跟你分享的这个例子无法为你带来不舒心的感受的话。

假设你是一家公司的首席执行官。上一年你用整整一年时间和一个名叫莎莉·詹姆斯的重要的大客户建立了关系。她过去给你拉了很多生意，而且在未来几年还有可能给你拉来更多生意。对她来说所有的事情一直进展顺利。随着你作为首席执行官的责任日益增加，你把与莎莉往来交易的账目交由一个你信任的名叫比尔的同事替你打理。想象你有一天早上来到办公室，检查你的语音信箱，听到莎莉的声音，要求你给她打电话，商量一件急事。你的心开始怦怦地跳了起来，不安袭上你的心头。你给她打了电话，而她开始咆哮着抱怨比尔在她的账上所做的很糟糕的工作，还有她如何对你的公司的信心产生了动摇，以及她如何考虑把她的生意转给你的竞争对手去做，一连说了37分钟。你更加不安了，其中夹杂了你对比尔的愤怒（还有你对自己的愤怒，由于把账交由比尔去做，以后却没保持密切关注）。总而言之，你很不舒心！

在这个例子中,在你听到邮件信息里的声音时你的心开始怦怦跳的时候,在你与莎莉交谈(她在咆哮)的时候,在你和她的谈话结束而你内心充满恐惧和愤怒的时候,这时你是有机会使用"流程"工具的。为了做到这一点,你要以感受那不舒心的感觉作为开始。在"意识"里,你仅仅是潜入其中,并充分感受它。没有必要去思考、分析、贴标签、描述它,或说:"我对自己很生气,我对我的同事很生气,而且我担心失去这笔生意。"尽管感受那不舒心的感觉吧!让它们达到自然的顶点,或到达你个人当时所能承受的限度。

当你觉着那不舒心的感觉到达顶点时,请使用你当时所使用的"流程"工具里其他不拘版本的指导原则吧——尽量真实感受每个步骤里的"真相",不管你怎样去做。在下面的例子里,我将和你分享我所做和所说的,但我得重申,我的方法里没有什么神奇之处。那只是我所做的。在心中将莎莉和那个同事的场景带入我的觉知里,我会对自己说,慢慢地、在每句话之间停顿一下,并在说时感受我说的话的"真相":"我是创造这个结果的上帝的力量和存在……这并不真实……这完全是虚构的,是我的'意识'的一个貌似真实的创造……这只是伪装起来的'真正的快乐'……我现在从这个创造当中收回力量了。"

然后我就会转入"赞赏和感谢"步骤,并说出和感受这样的感觉,要么具体、要么笼统地说出我当时的感受:"哇!

我能创造比尔办砸事情的幻象,使它看上去那么真实,而且使我感到无力、愚蠢和恐惧!这太惊人了!"

在第二阶段里没有规则,也没有公式,但大体上说,你不会在一个幻象上仅仅使用一次"流程"工具就完事了。由于我即将在后面详细讨论的原因,你会一而再、再而三地返回到同一个幻象中去,它可能会带着相同或不同的伪装——同时你在慢慢地、确定无疑地,把那些云层剥落,正是它们在支撑着让你不舒心的幻象一直存在于全息图中,一直到它最终瓦解。

所以,在像我刚举的例子那样的情况下使用"流程"工具后,在"意识"里,我会在想象中重现那个场景(那个语音信箱里的信息、和莎莉的通话、当时和后来的感觉)。如果我在回忆时仍然觉得还有什么不舒心的话,我会再次使用"流程"工具,而且只要感到有必要,我就要一直这样做,如果我在想象中重现那个场景时还是感到不舒心的话。

情况就是这样。这就是"流程"工具。在你慢慢习惯之后,这要视引起不舒心的感觉的场景细节来定,也要视你在使用"流程"工具时所做的个人选择来定,这时候整个事情就可能会花费短至一分钟,或长至随你的选择延伸。它最终会变得快捷、容易,并不会花费你数小时或一整天的时间。而且,我曾提到过,使用"流程"工具实际上是一个很快乐的体验,你实际上是很渴望这样的体验的。我是这样做的,所有使用"流程"工具的我的客户和学生也是这样做的。

如果我一个人在家并且感到不舒心的话,我通常会闭上眼睛使用"流程"工具,斜靠在家庭办公室里的零重力椅子上。如果我忙着和别人谈话,在吃饭或宴会上说话,而且感到不舒心,我就会把目光移到一边去,并且使用"流程"工具,或者我低下头,用手指触摸额头,像是陷入沉思的样子,或者我告辞去卫生间,在那里使用"流程"工具。你想象得出在各种情况下该如何去做了吧。

这并不难,只需要使用常识和实践。

重点:
你不必总是在事情发生的当下使用"流程"工具。

尽管使用"流程"工具最终会变得快捷、容易,但仍然会有这样的时候:当你不舒心的感觉被自然触发时,你认为事发当下的那一刻不方便或不可能运用"流程",没有关系。如果那样的情况发生,你有两个选择:

1. 先放在一边,以后在不方便的时间运用"流程"工具,你只需要通过在想象中重现引起不舒心的感觉的场景,重新创造不舒心的感觉,将"流程"工具运用在这些感受上。

2. 放过那个机会,并知道另一个机会改天会来。

还有一个使用"流程"工具的事例,我想和你分享,你也会喜欢。有时候，当你感到不舒心时，你当时只是感觉到一个模糊的、不集中的感觉。而在另外的时候，某个东西会进入你的全息图，在当时使你不舒心，但随后你把它带到将来，并在心里引发了连锁反应："哦，不要！如果这件事发生了，那件事就会发生，然后又会出另外一件事，然后……哎呀！"而且你会觉得自己在想象一个将要发生的灾难。

"意识"只是"意识"，"幻象"只是"幻象"，它们在不在你的"意识"或想象中，那并不重要。所以当你对一个想象中的未来发生的想象中的事情感到不舒心时，你可以在这个感受中使用"流程"工具。我称之为"舒展"。在这种情况下，你只需在头脑的想象中进入那个灾难性的未来。那就尽可能多地看和感受这个潜在的灾难，然后使用"流程"工具吧。这样做的话，你将会支持你在第二阶段的游戏旅程，以下面三种方式：

1. 你坚持钻探云层，尽管以不同的方式。

2. 一旦模式失去力量，评判被消解，对于未来灾难的恐惧和其他感受也会永远消失。

3. 通过在想象（"意识"）中感受灾难，你就没有必要使之进入你的全息图，并以更实在的形式去体验那个灾难。

重点：

除非一个模式被颠覆，否则该模式会一直看起来真实，动作起来真实,而且好像有着控制你的力量。

重点:
从理智的角度理解某物只是个幻象,与直接体验到关于幻象的"真相"并颠覆它,是非常不同的体验。知识在第二阶段没有力量,直接的体验拥有全部的力量。

"流程"工具是我玩"人性游戏"时体验过的奇迹最接近的事物。如果你全心投入,努力工作运用,直到最后,那么那些曾经折磨你,给你痛苦,或限制你的财力、生意上的成功、玩"商业游戏"时的快乐的模式以及你的财源的模式,将会从全息图上消失。过去使你吓得要死的事情现在则会使你大笑。过去鬼使神差地让你感到愤怒、恐惧、尴尬、沮丧、无助、自卑的事情将会消失,而你将会感到快乐、宁静和有力。这真不可思议。

在第二阶段,不舒心的感觉只是一个闪烁的红灯,像警笛一样,说:"这里有力量!这里有力量!这里有评判!这里有大谎言!这里有拨云见日的机会!来抓我呀!来抓我呀!"所以你找到不舒心的感觉后,神奇的事情就慢慢发生了。

重点:
在第一阶段,你想让不好的感受消失。在第二阶段,你说"让它们放马过来吧",所以你可以使用它们来钻探云层。

尽管本书还有四章(加上你可以下载的额外随赠的三章,在第十六章里会提到),而且我们的旅程并未结束,我想建议你尽快花些时间,通过使用"流程"工具,实实在在行动起来。就在此时,你也许会感到不舒心,由于一张账单、一个你个人的问题,或者一个关于员工的问题。或者,也许一件新的事情,今天迟些时候或明天,会进入你的全息图。

在后面几章我们将再次讨论"流程"工具,但现在该是讨论另外两个工具的时候了,即完成组装你在第二阶段使用的钻头的那两个工具。

"迷你流程"——工具3

当你进入"人性游戏"的第二阶段时,你将会注意到跟生意和财务有关的两个场景(还有跟钱无关的其他创造)在你面前展开:

1. 引起你不舒心的感觉的幻象。
2. 并不引起你不舒心的感觉,但限制和束缚着你的幻象。

当你感到不舒心时,就使用"流程"工具吧。当你并不觉得不舒心,却看到限制你的幻象在发挥作用时,就使用"迷你流程"这一工具吧。这里有一个例子,可以帮助你区分这两种情况。如果你看着一张公司的或个人的活期存折,感到不舒心,因为余额似乎很少,这时你就要使用"流程"这一工具。

然而,如果你看着你的活期存折上的余额并不感到不舒心(因为那个金额似乎足够大,使你当时感到"成功"或"资金上还过得去",或无论你怎么认为),这时你就要使用"迷你流程"这一工具。为什么呢?因为你的活期存折并不是真实的,存折上存取款的数目也不是真实的。而且余额也不是真实的,所以你看到的是一个有限的创造、一个幻象。尽管那个幻象对你来说没什么,你仍然有机会钻探云层,而且你使用的是"迷你流程"这一工具。

"迷你流程"这一工具和"流程"工具是一样的,只是你并不会潜入不舒心的感觉当中去,像在第一个步骤一样,因为这时候并没有任何不舒心。所以,你仅仅遵循余下的步骤就行了:

1. "我是 _____,我创造了这一切。"(用你所选择来描述"真正的你"的词语填空。)

2. "这不是真实的,这完全是虚构的。"(尽可能充分地感受那些词语的意义。)

3. "这只是一个故事,是我的'意识'的一个创造,貌似真实,却只是伪装起来的'真正的快乐'。"(尽可能充分地感受那些词语的意义。)

4. "我现在从这个创造中收回力量了。"

5. 现在,全然地赞赏和感谢那正被加工的幻象(创造出这个幻象,你得拥有多么惊人的才华!),并使自己相信那个幻象是真实的,你的创造有多惊人啊,在第一阶段和第二阶段它们给你提供了多好的服务啊!

"转变词汇"——工具4

作为"商业游戏"的一部分,我们有许多思想、概念以及用来加强金钱上受限制的幻象的词语。为了补充第二阶段里的"赞赏和感谢""流程"以及"迷你流程"这些工具的使用,你就要修改你的"词汇"和"自我对话",来支持你不停增长的洋溢状态,并进入你无限丰盛的本然状态。

因此,你需要仔细观察自己与别人的对话,尤其是你的"自言自语",并转变想法、概念,比如说下面会提到的那些词语。当你感觉到"真相"和感受到新辞令的意义时,尽你所能地用第二阶段的术语来替代:

第一阶段的术语	第二阶段的术语
成本	对以金钱的形式表达赞赏和感谢的要求
账单	对以金钱的形式表达赞赏和感谢的要求
花销	以金钱的形式表达赞赏和感谢
日常开销	定期的、每月都有的对以金钱的形式表达赞赏和感谢
价格	被要求的对以金钱的形式表达赞赏和感谢

多少钱	对这一幻象／创造物受到请求的赞赏和感谢是什么
付款	以金钱的形式表达赞赏和感谢

你明白我的意思了。就像随着使用"流程"工具，第二阶段所选的用词刚开始时也许会感觉空洞或虚假，但你使用越多，越是深入地进入第二阶段，你所用的词就越真实。

此外，当你描述其他幻象（当你自言自语，或当你与自己的其他面向交谈时），你也想尽可能多地使用准确反映并描述"真相"（而不是加强幻象）的语言。下面是一些能对你的创新有所启发的例子：

- "我创造了 _____ 的幻象。"
- "我创造他／她，并让他／她去说／做 _____。"
- "我体验了感到 _____ 的幻象。"
- "_____，可以说是。"
- "在故事情节里，_____。"（这是我最喜欢说的一句话！）

咱们现在回到现实吧。如果你走进一家商店、银行或餐馆，以这种方式说话，或对一个对于第二阶段的游戏或彻底摆脱"商业游戏"一无所知的员工、同事、销售商、客户、董事会成员、朋友或配偶，以这种方式说话，那么你也许会担心他们会觉得你疯了。对于这种情况，我有三件事情要和你分享：

1. "他们"并不在那里。他们只是虚构的。他们只是你的"意识"的一些面向,说着和做着你让他们去说和做的事情。他们不会评判,不会批评,甚至不会注意你使用第二阶段的语言,除非你创造他们并让他们去这样做。如果你确实创造了其他人因为你使用第二阶段的辞令而评判你,最有可能的是,这只是折射出你对自己的评判,但是这个阶段将会过去。如果你没有创造别人来评判,那么你只要享受其中的快乐就好了。

2. 如果你对使用"转变词汇"工具感到不舒心,那么你有机会使用"流程"工具。为什么呢?因为所有不舒心的根源都在谎言和幻象中!

3. 如果,不管我说过什么话,在有些情况下,你不愿和别人使用"转变词汇"工具,那么无论你在外在选择使用什么词汇,然而在内心里,你可以默默地用"自我对话"不断提醒自己"真相"是什么。

许多第二阶段的游戏玩家常常低估"转变词汇"工具的价值,认为这个工具的重要性和其他三个工具比起来显得逊色,但是我必须告诉你,这是你的钻头的一个非常重要的部件,而且对于你钻探云层来说也至关重要。语言,正如其在第一阶段里由别人和我们自己反复使用过的(不管是公开还是在内心里)一样,也是如何促使我们实现第一阶段的奇迹的一个大部件。那么,使那个互动关系逆转,就是你第二阶段里洋溢的关键。

重点：

在第二阶段，"人性游戏"就是"人性游戏"。在你的私人生活和商务生活之间没有区别。你使用这些工具来钻探商务的幻象。你也使用这些工具来钻探私人的幻象。当你穿越云层，你整个的"人性体验"就会被改变。

当你合并这四种工具——"赞赏和感谢""流程""迷你流程""转变词汇"——成为一个统一的钻头，而且日复一日地在云层里钻探时，令人惊异的事情就要发生了。在你向着彻底摆脱"商业游戏"的旅程前进时，想要发现使用钻头的更多情况，具体而言就是每天都使用钻头，还有，想要发现更多在云层里掘进时你有望看到什么，翻过页，继续读第十三章吧。

---

① 达萨拉斯·德布语，引自凯蒂·戴维斯，《觉醒的欢乐》，美国觉醒精神出版，1993年版，第105页。
② www.business-school-of-consciousness.com

第十三章　　陌生土地上的陌生人

> 图图，我有一种感觉，就是我们已不在堪萨斯了。①
>
> ——电影《绿野仙踪》中多萝西的话

《陌生土地上的陌生人》是罗伯特·海因莱因的一部科幻小说，说的是瓦伦丁·迈克尔·史密斯的故事。迈克尔生于人类第一次载人前往火星执行探测任务期间，也是执行那次探测任务唯一的幸存者。迈克尔由火星人抚养长大，当他到达地球时，他却是一个真正的无知者，对人类的生活方式一无所知，而且感到特迷茫。

进入"人性游戏"第二阶段的游戏玩家（也包括我在我最初进入时）常常会有类似的体验——只不过在第一阶段的感觉，如同你成为了一个陌生人，正身处于自认为熟知的世界里。在第一阶段，目标是使你相信幻象的真实性，并相信身处其中的你与"真正的你"截然相反。你对玩第一阶段游戏的表象和感觉慢慢地习以为常了。

然而在第二阶段，目标是使那一切逆转回来，并支持你拨开云层，不断洋溢，回到对"真正的你"的直接体验当中去。因此，在第二阶段，一切事物运行的方式，和第一阶段恰恰相反，而且，在第二阶段里发生的所有事情，受一种相反的力量驱动，这种力量看起来、感觉起来颇为不同。于是，第二阶段，尤其是刚开始的时候，可能让人觉得超现实、奇怪，而且令人难辨方向——尤其是当它作用于你所体验的事情当中时，如有关员工、顾客、客户、产品、服务、销售、市场营销、决策、现金流、问题解决等事情。

因此，从本章开始，并在后面几章里，我将提供我称之为"导航支持"的内容，以让你生活在——并穿越于——你作为第二阶段游戏玩家将会发现的新世界。

首先，第二阶段有两个部分：

1."拓展部分"，其中你花费最多的时间、努力和精力，使用那些工具并钻探云层。

2."游戏部分"，其中你花费最多的时间、努力和精力，仅为快乐的目的，玩"新商业游戏"，不受任何限制和束缚。

我们将在本章和下一章讨论"扩展部分"，之后再进行"游戏部分"的讨论。

在"人性游戏"的第一阶段，你关注的是身外的东西。在第二阶段，也就是在"拓展部分"，你把关注点转向你内心的东西。第一阶段的一切都是关于隐藏你的力量、智慧、丰盛以及"真正的快乐"，并相信幻象的真实性，相信在幻象中你处于"真正的你"的反面。在第二阶段的"拓展部分"，一切都是关于：

1. 收回力量。
2. 重新肯定"真相"。
3. 大大增加你对自己作为"创造者",以及你所有的创造的"赞赏和感谢"的程度。
4. 拓展自己并放开自己的限制。
5. 回想起并直接体验"幻象并不真实"这一事实。
6. 在你自己独特的全息图里,引领自己开启一段旅程来发现你如何实现第一阶段的奇迹。

这六点就是我称为的"第二阶段的工作"。

在第一阶段,你的全息图里所发生的事情(故事情节的细节)对你非常重要。在第二阶段,故事情节的细节就无关紧要了。为什么呢?因为他们正在被你的"大我"所创造,仅仅为了支持你做"第二阶段的工作",并且只是为了"第二阶段的工作"存在。再无其他任何作用。

在第二阶段,你是否创造下面这样的幻象并不重要:辞职或保有一份工作,聘用或不聘用某人、体验销售盛衰、商业或赔钱、扩大或缩小你的生产线、扩大或缩小你的团队,或决定去做 X 事情而不是 Y 事情。你的生意是蒸蒸日上还是举步维艰,也不重要。你的账户余额、净值或财务报表是怎么样的,也不重要。很多第二阶段的玩家在一开始很难理解这一概念,但这是"真相",即我为什么在这里提到的原因,而且你将会拥有一个直接体验,一旦你拓展到某个程度的话。

在第二阶段，唯一重要的事情是故事情节里进行的事如何支持你做"第二阶段的工作"。第二阶段的目标是，使你到达彻底摆脱"商业游戏"并不受任何限制和束缚地玩"人性游戏"和"新商业游戏"的境界。因为那份宝藏是如此珍贵，而且超出了你目前可能的想象，相比之下别的一切都显得逊色——而且在获取那个财宝的路途中出现的任何问题都会自行解决，只要你穿越足够多的云层。

重点：

在第二阶段，任何事物，除了支持你使用工具并钻穿云层以外，是没有任何含意、任何意义的。既不重要，也不稳固。

这个概念有点棘手。从表面来看，在逻辑的角度很容易理解。然而，还有一些微妙之处并不明确，除非你有许多第二阶段的向你表明其"真相"，并让你直接体验那个"真相"的经历。在目前阶段，只是让种子被撒下吧。它们将被浇水、被培育，等待将来长高。

在"人性游戏"的第一阶段，人们教你积极主动、付出行动让事情办成、采取大规模的行动、树立目标并加以实现、做完工作、尽可能地多产和高效。在第二阶段，情况恰好相反。在第二阶段你做出转变，生活在我所谓的"响应模式"中。你早上醒来，等待着看你的全息图里出现什么事情，你对此做出的回应是因为受到触动或鼓舞。

对于正发挥作用的"反应模式"有以下两种情况：

1. 当一个看起来是身外的幻象似乎要求一个回应、一个决定或一个行动时。

2. 当你感到内心里有采取行动的动力或鼓励时。

在以上任何一种情况下，当你感到行动的动力时，就行动吧。如果你没有感受到行动的动力，那就等待下去直到你获得动力。你整天都以那种方式生活。然后你晚上睡觉，次日早上醒来，再次重复。尽管乍看之下，这种生活方式似乎是困难的、不可能的或反直觉的，尤其是如果你习惯了处于一种采取行动的模式的话，在第二阶段里，你慢慢但确定地进入一个空间，在那里你没有目标、没有日程安排或预期的结果。你没有年度计划、五年计划或十年计划。你把关注点收回来，聚焦在从事商业活动的每时每刻。

这种情况就好像你是一个杂务工。如果你是一个杂务工，你等待有人叫你去完成某个工作。当有人叫你时，你去到人家家里或办公室里，然后想想要做些什么事。当你用一种工具做完一个活儿时，你挑选另一件工具去完成另一个活儿，你总是使用正确的工具做正确的活儿。有时你用的是螺丝刀，有时是油漆刷，有时是锤子，有时是扳手、钻或锯。

当你在专注于生命和商业行为的每时每刻,并且生活在"反应模式"里时,如果来自上述任何一种情况下的体验进入你的全息图,并使你不舒心,那么你就有机会(但这并非强制)从你的工具包里取出"流程"工具来使用了。如果某件事出现在你的全息图上,却并没有使你不舒心,而是指向"能量场"中一个有限制作用的模式(如银行对账单、财务报表、你的投资组合的月度报告、账单,等等),你就有机会从你的工具包里取出"迷你流程"工具来使用了。

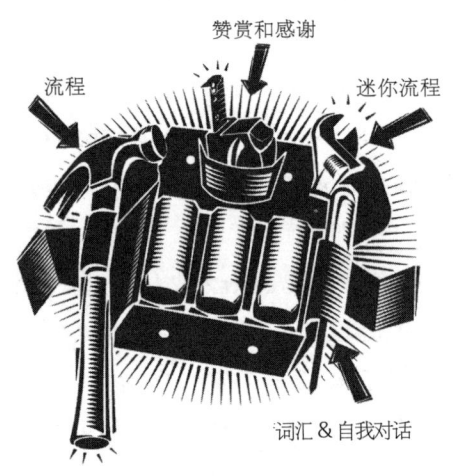

你在"第二阶段"的工具包

如果你发觉自己用第一阶段的限制性语言思考和说话(包括和你自己)时,你就有机会从你的工具包里取出"转变词汇"工具来使用了。每次当你受到触动去这样做的时候（你可以全日无休地这样做），你就可以从你的工具包里取出"赞赏和感谢"工具，而且赞赏和感谢你创造的东西的伟大、你作为自己所体验的一切的"创造者"以及"人性游戏"本身。

如果你要做一个决定，做你感受到触动和鼓舞去做的事，相信那是一个完美的选择，因为你的"大我"在指引着你的每一步行动。如果你对这个决定感到不舒心，你就有机会使用"流程"工具来对付不舒心的感受了，而且继续使用"流程"工具，直到你对你的决定没有丝毫不舒心的感受，当你专心于你所做的决定时。然后，从那个拓展的状态出发，做你感受到触动和鼓舞去做的事，相信那是一个完美的选择。

总之，这就是你第二阶段在"反应模式"里的生活方式：

- 等待，直到身外或内心有什么事情出现，要求你采取行动、做出决定或反应。
- 问你自己："那种感觉是不舒心吗？"
- 若是，在做出反应或采取行动前，你有机会使用"流程"工具，一次或多次，直到……
- 做你当下受到鼓舞去做的事（包括什么也不做）。
- 如果没有什么不舒心的话，那么你有机会只做你当下受到鼓舞去做的事（包括什么也不做）。第二阶段全是关乎感受的！

重点：

你可以说，如果你感受到触动和鼓舞去说或做一件事，而且你实际上也说或做了那件事，这就是你的"大我"要你去做的事情。在第二阶段，是你的"大我"在掌控一切。你不可能会犯错误或搞砸任何事情。你只需要尽量信任你的"大我"，而且每一刻都随你内心感受到的意思去做。"你的信任程度"将会随着时间流逝而自然拓展。

在第一阶段，你使自己相信全息图里有力量，你作为游戏玩家，在掌握着控制权，而且做事情的负担和责任在你的肩膀上。这并不是第一阶段的事实，因为我们讨论过的原因，而且也不是第二阶段的事实。你有力量并掌握着控制权的那个幻象，是"能量场"中那些模式精巧地创造出来的，这些模式的设计初衷就是支持你实现第一阶段的奇迹。

重点：

在第二阶段，你不再需要去担心做什么、怎样做、什么时候做、做那个工作的最佳策略和人选是什么／谁，等等。当你拨开云层并得到拓展的时候，你的身心会越来越放松，知道更有资格做那些决定的你的"大我"，将会更好地、更英明地做出那些决定，而且是超乎想象的。

在你拨开越来越多的云层之后，在第二阶段里不断洋溢的时候，你肯定会慢慢地放手，放下掌控权，放下在你的生意（还有个人生活）主动出击等类似的事情。你肯定会慢慢进入第二阶段的游戏，并且明白谁是真正的主宰，到底在发生什么。这并不是一件你可以一蹴而就或走捷径就能办到的事。这也不是一件你通过打算，使用意志力或自律就能办到的事。这是一件在你钻探云层的时候，随着时间的流逝，你慢慢地为之敞开心扉的事。我可以从深切的个人体验（在我自己的游戏旅程以及其他游戏玩家的旅程上的）向你保证，这是一种令人极度享受的生活，以及玩"新商业游戏"的方式。

为了发现其他第二阶段游戏玩家在玩"新商业游戏"的旅程上的详情，包括我自己的游戏旅程上的细节，请访问我网站上的这个网页来进入那专门附赠的几章内容：www.bustingloose.com/chapters.html。

如果在你考虑放下拥有力量的幻象或对你全息图里的事件和体验的控制，或你实际开始放开的时候，产生抵制、焦虑、担心或忧虑的感觉，那么你就有机会使用"流程"工具了。反正你在第一阶段也从未有过掌控权。在全息图里从来就没有关于你的思想、行动或决定的任何力量。这一切都是幻象。你的"大我"总是掌控着一切，而且一直具有力量，所以，在第二阶段里通过放开并相信你的"大我"，你就是在确定"真相"，活出"真相"并不断洋溢，直至超越你在谎言中体验的一切压力痛苦以及限制。

你不必找寻你的模式或钻探的云层。你只是跟随你的"大我"的引领,"大我"会带你到他/她想要你去的地方。我们讨论过,你的"大我"知道最有力量的模式隐藏在什么地方。你的"大我"知道在你于第一阶段建造的、受限制的大楼里,该把炸药包放在哪里,所以当你准备好了,就颠覆它吧。我们也讨论过,继续"拆楼"的比喻,你不必在大楼的每一块砖上安放炸药包,只在支持你在第一阶段所创造的限制你、束缚你的模式的关键的基础位置的砖块上安放就行了。

使用"流程"工具来钻探云层,要求要有极大的勇气、耐心、自律、全身心投入以及勤奋。为什么呢?因为正如我在第十章里解释过的,你的"大我"将会引领你重新体验"第一阶段奇迹"的模式,即让你感到极不舒心的模式。在"人性游戏"的第一阶段,你像那样逃脱不舒心的感觉,或者你试图压抑它、蒙住它或驱除它。在第二阶段,你潜入不舒心的感觉的中心,而且那样做要花费极大的勇气、自律以及全身心投入,还得维持那种"随身携带"的态度,而且一天又一天地将"流程"工具应用于不舒心的感觉上,即使你想要放弃。

重点:

在你做第二阶段的工作时,你必须一直记得在游戏旅程终点等待你的那个财宝。这样做是值得的！

使用"流程"工具还要求你绝对实事求是，就你如何做事的方式和你能以多快的速度做好它而论。一旦你感受到钻探工具所具有的转变力量时，你也许会想在你的生意或个人生活里的一切事情上使用那个工具——立刻，而且你还想让所有事物在你的全息图里发生改变——立刻，而且两个选择无一对你具有真实的最佳效果，也没有支持效果。

记住，第二阶段的目标不是立刻拨开所有云层，在一瞬间将你的全息图转变。你的"大我"将带你到最有力量的模式中去，而且支持你改变那些模式，通过在一段时间里多次使用"流程"工具，直到模式中的力量、评判及谎言完全被抽去。在有些情况下，我曾经用几天或几周时间汲取了那些模式的力量。而对于其他模式，则要花费数月、一年甚至更长时间。你的"大我"将支持你完全赞赏和感谢那些创造和其创造者，也就是你自己。当你深入第二阶段时，"赞赏和感谢"工具将会变得越来越重要，你将会看到这一点。

重点：

在第一阶段，人们教你说"快就是好"。在第二阶段，速度就无关紧要了。你最终的目标是，彻底摆脱"商业游戏"，而且不受限制和束缚地玩"人性游戏"和"新商业游戏"。时间表对于那样的一个"在彩虹那一头的"财宝并不重要,而且对你来说它绝对非常完美,不管要花多长时间。

让你不舒心的时候以后也会有,但在你使用"流程"工具之后,当你穿越了它,你会感到快乐和洋溢。然后,几秒钟、几分钟或几小时之后,你将会发现同样不舒心的感觉又回来了。感觉也许一样,但事情再也不一样了。它绝不是一个回旋镖,它总是一件新事物。无论你何时使用"流程"工具,在你挖掘的云层的隧道里总有某件事在发生。你不是在欺骗自己,也不是在假装。它是真实的,即使你并不觉得有任何事情在发生,或者你并没有立刻感到有什么不同。

重点:
一旦你从一个模式里汲取力量,该模式就保持干涸的状态。一旦你消解谎言和评判,他们就保持被消解的状态。一旦你在云层里挖出隧道,云层就保持被挖掘的样子,而且再也不会坍塌或自行填满。一旦你在云层里钻出洞来,而且太阳开始透过云层照耀,它就会持续照耀。一旦你得到洋溢,你就会保持洋溢的状态。你再也不会缩小或倒滑回去。

在第二阶段,你为了使用"流程"工具而使用"流程"工具,你为了钻探而钻探,钻到哪里是哪里。用最纯粹的表达来说,你不要使用"流程"工具去改变、修复和改善你的全息图,如果你的旅程与我的类似,你仍将发现自己带着预定的目的使用"流程"工具——只是一会儿,直到那个模式最终削弱并且消失。明白这一点至关重要,而且开始时可能对你来说具有挑战性。你使用"流程"工具,目的不是使坏事离开,使好事出现,或在数量上有所增加。你使用"流程"工具,并不是为了使销售额增加两倍、收入增加一倍,使你不再负债,提高你员工的生产率,获得晋升,挫败竞争者,感觉更好,或制造任何具体的结果。当你穿越云层时,所有这样的故事情节,都将会自行变化,当太阳在你的全息图里更为灿烂地照耀时。

当你想让一件好事发生在你的生意里,或在你的生意里看起来发生了一些坏事——可能是现金流……这时,使用"流程"工具然后开始看着你的全息图是否因此发生变化,是非常诱人的。但那并不支持你彻底摆脱"商业游戏"。这有点诡秘、微妙,而且你想要避免的"流沙坑"就在这里,所以请仔细听。如果你想要改变、修复或改善你的全息图里的某个事物,那么你正在做什么呢?评判那个事物!你说:"这样还不算好,我想让它与众不同。"我们曾讨论过,"评判"是把第一阶段的幻象保持在原地的"胶水",所以如果你评判那个幻象,会发生什么呢?你不断强化那使你的创造固定在全息图上的"胶水"。结果,你一直说:"这是真实的!这是真实的！"而且那个幻象也因此一定会被固定在原地。

重点：

如果你发现自己这样想，"我想＿＿＿"或"我愿＿＿＿"，或有倾向或欲望，想要给某样事物盖上自己的印记，那么你是在评判，这意味着你不舒心，这意味着你有机会使用"流程"工具。

重点：

你不能既评判一个幻象，对拨开定义它的云层，同时颠覆它的模式。这是根本不可能的。

现在话已至此，我必须再说一件重要的事情。如果你在评判一件事情，想让它改变、修复或改善你在第二阶段生意里的某个事物的话，那么你无法通过意图、知识、意志力或自律将评判停止，那样是没有用的。但无论何时，当你评判某物或想改变、修复或改善该物时，你就会不舒心，所以你就可以对此使用"流程"工具了，而且随着时间的推移，通过累加性地使用"流程"工具，评判就开始削弱了，然后会自行掉落，这是拓展的自然结果。让我们再深入一点探讨这一关键概念吧。在第一阶段，在行动和结果之间有一个因果关系的幻象。我们使自己相信："如果我做了X事情和Y事情,那么我将得到 Z 事情。"事实上,正如你现在理解的,在全息图里面并没有这样的关系。就是说,全息图里的原因无法创造出全息图里的结果。真正的原因总是在全息图之外。真正的原因总是你的"意识""能量场"中的一个模式,还有你的力量。

如果你使用"流程"工具,而且随即寻找全息图里作为结果出现的变化,那么你是在做什么呢?你是在寻找"真相"的证据,而且你也因此赋予能量给那个信念,"我对这一点有怀疑,我不确信这是真的"。你看着一个创造,说,"嗨!你,坏创造,走开,那么我就相信"。或说,"嗨!你,好创造,到我这里来,那么我就相信"。当你那样做的时候,你的全息图里什么也没有改变,拨开云层或得到洋溢。为什么呢?因为你的"先证明给我看"的互动关系将会持续"喂养"那个怀疑和那些限制着你的模式,而且,即使你给自己一些证据,那些证据也不会给你带来任何好处,因为将谎言信以为真的信念中还存在着许多力量。你明白这一点了吗?如果不明白的话,那么你在跃入第二阶段并玩一段时间的游戏之后将会明白。在第二阶段,你的目标是看到并真正明白,在一个超越了你的理解能力的很深的层次上,全息图里的所有事物都不是真实的,而且你拥有全部的力量。你的目标,是不加强那个幻象。

当我把这一点和世界各地的"线下课程"的学员、辅导客户以及"意识商学院"的学生们分享时,他们都能理解这个概念,但有人说:"我不喜欢我现在的处境。这就是为什么我想要彻底摆脱'商业游戏'的原因。我当然想改变我的全息图。我当然想修复它。我当然想改善它。我应该怎么调解这里的冲突呢?"这样的想法是否也曾浮现在你的脑海中呢?如果是这样的话,让我和你再分享三个洞见,来补充我刚刚所说的有关评判的内容:

1. 你无法修复、改变或改善一个幻象。幻象并不真实。没有什么事物需要修复、改变或改善。一切都是烟幕和镜像!

2. 当你使用工具钻探云层,并且在第二阶段里自行拓展的时候,你就到达了这么一个阶段:你感受到的是对所有事物现有面目的赞赏和感谢,没有修复、改变或改善任何事物的欲望。

3. 当你到达上述阶段时,也就是大门开启,以便新模式可以被嵌入"能量场"(但绝非在此之前)中的时候。在第二阶段,一般情况下(作为一个"无限存有",你能创造与众不同的事物),只要你想改变某个事物,它就不会不改变!

换个角度来看这个问题吧。假设你带着预定的目标使用"流程"工具,"我想拨开一些云层,以便我能使我的个人收入增加一倍",或"我想拨开一些云层,以便我能偿清我的债务",或"我想拨开一些云层,以便我可以使销售额增加一倍"。假设你成功地创造了预期的结果。所有你在做的,只是拿一个受限制的创造去和另一个受限制的创造做交易。这不是第二阶段的目标。你在第二阶段的目标是完全彻底摆脱限制、束缚以及"商业游戏"。你想要到达那个不受任何限制、不受任何束缚地玩"人性游戏"和"新商业游戏"的阶段。只要你想改变、修复或改善你的全息图，只要你有预定的目的、目标或预期的结果，你就是在加强那个幻象的力量，并且在给那些你有机会从中汲取力量或彻底摆脱的模式增加力量。

而且，考虑一下这个问题，因为它跟你为什么通过改变、修复或改善全息图的愿望会最终得到拓展有关。每一个你使之进入全息图里的单个创造都是一个绝对的奇迹。那里空无一物。一切都是烟幕和镜像！然而看起来却绝对真实，因为你是一个强大无比、天赋异禀的创造者！有5万美元存在银行并不比有500美元存在银行更好。做一个百万富翁并不比破了产或欠下2.5万美元的债务的人更好。彻底摆脱"商业游戏"和向你自然状态下的无限丰盛敞开心灵并不比玩第一阶段的游戏且被锁入金钱上受限制的状态更好。

我刚刚给你举过的所有例子，还有许多其他我们可以讨论的例子，都是不一样的，但是它们都是同等的创造，而且从拓展了的"真相"的角度来看的话，是具有同等的重要性的。一部电影里一个只有5美元净值的主要角色比另一个有1000万美元净值的主要角色贫穷吗？不！两个角色都不是真实的。它们都是虚构的，还有属于他们的净值数字也是虚构的。这和你的全息图里的幻象是一样的。而且你一旦拓展到一定阶段,就能直接体验"真相"。

你所有的创造、所有的幻象,都恰如它们本来一样完美。它们不会存在于你的全息图里,如果没有一个"能量场"中的模式,获得能量来按照它们本来的方式创造它们的话。"能量场"中也不会存在一个模式,如果你的"大我"不在那里安放一个模式——有意地,按照一个聪明的计划——来很好地给你的游戏旅程提供支持的话,不管你给你的创造以什么样的定义、标签或评判。

一些创造对你来说显得更好的唯一原因是,你被锁入第一阶段的视角,你从那个视角评判这些创造,虚构有关这些创造的故事,而且相信这些创造是真实的。我知道这可能现在很难让你接受,但这是"真相",而且这就是你创造出我来并和你分享的东西。我曾提到过,我和你在这里分享过的所有概念将会变得越来越真实,当你拨开越来越多的云层且在做第二阶段的工作中得到越来越多的拓展时。

当你做第二阶段的工作时,你的全息图将会改变。你可以看着那些变化并认为它们比原来更好。然而,真相是,你的生意和个人生活并没有变得更好。他们只是变得不同了,而且它们的不同之处使得你纯粹为了玩游戏的快乐而去玩不同的游戏。当你拨开足够多的云层收回足够多的无限智慧以便能够看到这一点——真正看到——且在很深层次上看到（如果你认真玩第二阶段的游戏的话，你是能够做到这一点的）时，那就是你已非常接近彻底摆脱"商业游戏"的信号！

这一点虽然微妙，但却非常重要，而且也是一个你必须跨越的主要障碍，如果你认真玩第二阶段的游戏的话。我曾提到过，如果你像我一样，而且也像许多我的学生和客户一样，尽管我刚和你分享了很多内容，那么在许多场合你也许会受诱惑，带着想要改变、修复或改善你的全息图的目的去使用"流程"工具——而且你会屈服于那个诱惑。如果发生这样的事，就顺其自然吧。这并不是什么了不得的事。我曾解释过，在第二阶段，你不可能搞砸你的全息图或者犯错误。然而，如果你试图带着预定目标使用"流程"工具，或者你试图改变、修复或改善你的全息图，那么你将会看到那根本不会奏效。那么，当你继续做第二阶段的工作且得到拓展时，你修复、改变或改善全息图的愿望将最终掉落——自然而然地。

重点：

如果你发现自己在评判或想要改变、修复或改善全息图里的任何东西，那么你就顺着它、拥抱它，顺其自然，充分感受它吧，但是要利用它给你的钻探云层的机会，当你受到

触动的时候。

有的客户和学生对我说,"那听起来不错,但对我来说却不实用。我有自己的企业,而且我必须关注数字、目标和结果",或"我有一份工作,老板期望我经常设定并实现一些目标",或"我有经常性的开支,还有家要养。这样子做作和轻浮我可担当不起"。如果像那样的思想浮上你的心头的话,那么深呼吸一下,让我提醒你几个真相,接下来你会深入了解这些真相,随着进入第二阶段你会发现:

- 没有生意。
- 没有数字。
- 没有目标或结果。
- 没有工作。
- 没有老板。
- 没有经常性的开支,没有家要养。
- 没有做作和轻浮这样的事。

这一切都是虚构的。这一切都只是你的"意识"的一个创造。在你身外并没有力量——在任何人、任何物身上都没有。你拥有全部力量,而且你的"大我"将会在第二阶段巧妙地使用你的力量——在你的工作、生意、老板、家人以及别的所有事物身上——来支持你做第二阶段的工作,并彻底摆脱"商业游戏"。

重点：

在第二阶段，当你拨开云层、得到洋溢的时候，在你似乎很重要的待办之事的清单上的待办之事将会自行得到解决，轻而易举而又充满乐趣。为什么呢？因为你的"大我"将会确保这一点，一旦限制着你的那些模式和幻象完成了帮你钻探云层的工作。

不论你是拥有自己的企业，还是为别人工作，或正处于失业状态；不管你是单身，还是已结婚生子——不管你的处境怎样，你仍然可以活在每一个当下，仍然可以在"响应模式"中生活，而且仍然可以使用钻探工具来彻底摆脱"商业游戏"，不带有任何计划、目标，或不必为得到特定的结果而投入。我每天做这样的事情，而且已做了5年时间了，尽管我拥有几家公司，也已经结婚了，而且还有两个小孩。在后面的几章里我会给你具体说明我是如何做的，而且给你再提供一些可以遵循的指导原则。在这方面，我绝对没有任何独特之处。

我现在想和你聊聊你该期待什么，当你在你的游戏旅程上开始使用钻探工具，深入第二阶段的中心时。我们就从讨论哪些事物对第二阶段的游戏来说具有挑战性或难度方面（在本章和下一章）开始，然后我们将进入所期待的事物的拓展和转变方面。

第二阶段所预料到的挑战性体验和感受

在第二阶段能预料到下面七个挑战：

1. 预料到不舒心——非常多地！
2. 预料到奇异的事情发生。
3. 预料到别人做事有违其性格。
4. 预料到你所有的核心信念受到挑战。
5. 预料到经常感到困惑、沮丧、应接不暇和迷茫。
6. 预料到"非常不耐烦"。
7. 预料到不稳定和你全息图上发生不寻常的快速变化。

预料到不舒心——非常多地

我们讨论过，最强的第一阶段模式隐藏在你感到最不舒心之处。因此，为了创造机会从那些模式汲取力量并改变那些模式，你必须有许多时候感到不舒心，尤其是在你开始第二阶段的旅程时，这个旅程就是这个样子的。事实上，在真的进入第二阶段的那一刻你会知道的，因为一件或多件不寻常且紧张的事将会被创造并进入你的全息图，给你带来许多不舒心的感觉。不舒心是第二阶段早期游戏的名称，我也说不清楚这个"早期"到底持续多久。

在第一阶段，对于极大的不舒心之事，本能反应可能会是这样的：

- "我讨厌这个。"
- "让我离开这里。"
- "为什么这件事发生在我身上?"
- "现在我处理不了这件事。"
- "走开!"

如果你有这样的思想或感受,那只是我称作的"第一阶段残余物"。原本设计的目的是支持你实现第一阶段限制的目标,而且使你相信你正处在"真正的你"的反面。在第二阶段,你给自己的机会是使用"流程"工具到这样的感受上,钻探云层,而且更加接近"解脱点"。

预料到奇异的事情发生

第二阶段的六个主要目标是:

1. 重新发现关于"真正的你"和到底在发生什么的真相。
2. 收回你的力量。
3. 一直正视幻象并说出有关幻象的"真相"。
4. 给自己一次关于你如何在你独特的全息图里实现第一阶段的奇迹的有导游带领的旅行。
5. 一直增加你对于自己作为你所体验的所有事情的创造者的赞赏和感谢。
6. 一直增加你对于自己创造的东西的赞赏和感谢。

为了实现这些目标,必须创造对你来说似乎是奇异的体验。奇异到底是什么意思呢？我最近在词典里见到的一个定义："具有特别古怪或不寻常的特征；奇怪的。"如果你是一个"无限存有"，你相信自己正处于"真正的你"的反面，而且，你突然开始向自己显明"真正的你"以及你多有力量，你难道不认为从第一阶段的视角来看，你所看到的显得特别奇怪或不寻常吗？你一定会这么认为的！就我而言，从我个人的以及世界范围内几千位客户和学生的生活体验来看，一个体验越是奇异，你为自己创造的拓展机会就越大。在第十五章（还有附赠的在第十六章里提到的可下载来读的一章），我将和你分享许多显得特别奇异的故事。

你可能会注意到的另外一件事是，事情也许会变得如此奇异，你会怀疑它们是否真的发生过，或者它们只是你的想象。我自己的生活体验以及和客户来往的体验在第二阶段早期一直就是这样的，你无论何时有了对"真相"的体验、看到你自己的力量有多大，以及在某种程度上看到你真的在创造着发生在自己身上的一切，这些事情总在某些地方显得超现实。最终，事情的奇异性，如果它看起来令人不舒心，将会转变成一次"真正的快乐"和极大的"赞赏和感谢"的体验。

预料到别人做事有违其性格

在第七章，我解释过，别的人，即在你"纯体验式电影"

里扮演角色的人们,在全息图里起三个作用:

1. 反映出你的看法和感受,对于你自己,或对于你赋予能量的幻象。

2. 和你分享有支持作用的知识、智慧或洞见。

3. 促使某事物运转,以支持你的旅程。

因此,在你的"纯体验式电影"体验里,你的"大我"将把剧本交给演员,而且创造他们,让他们说和做各种事情,来支持你做第二阶段的工作。因此,可以预料到你会看到人们说和做各种奇异的、前后矛盾的事情,有违其性格的事情——这都是为了支持你第二阶段的旅程。

你也许禁不住想要弄明白,为什么这些事情会发生,或者你其他面向的言行在支持上述三个目的中的哪一个。尽量放弃想要弄明白事情"真相"的欲望吧。如果你的"大我"想让你从反映、知识、智慧、洞见、某个事物中获益(该事物正被一个演员在你的全息图里以不寻常的或有违其性格的方式促动)的话,那么他/她将会使那件事情的"真相"对你来说显而易见。你不需用力探寻或费神寻思答案。你只管一直钻探就行了,其余一切会自行得到解决的。

预料到你所有的核心观点受到挑战

你知道,"能量场"中每一个具有限制作用的模式都内含有一个或多个信念,另外还有评判和后果。那些信念、评判和后果没有哪一个是真实的。它们都是谎言，它们都是虚构的故事。因此，如果你打算彻底摆脱"商业游戏"，你对于"商业游戏"运行机制的关键信念，你必须如何去玩"商业游戏"，赢得"商业游戏"需要付出什么样的代价（也就是说，那些把你锁入受限制的幻象当中的信念），通过你发现自己沉浸于其中的第二阶段故事的展开，这些将会被推动、戳破，而且最终瓦解。这样的情况必然会发生。

重点：

你不能做到继续相信在第一阶段谎言是真实的，而同时还能彻底摆脱"商业游戏"。这不可能。它们是互相排斥的活动。在第二阶段，你用属于"真相"的体验和感受来取代谎言和幻象。

预料到经常感到困惑、沮丧、应接不暇和迷茫

如果你将会体验许多第二阶段的不舒心的感觉，如果你将会看到许多奇异的事情，而且如果所有你信以为真而实际不是的事情在根本上受到挑战的话，那么，你是否会时不时地感到困惑、沮丧、无助和迷茫呢？

当然会！

我现在对此只是一笑置之，但是在我做第二阶段的工作的第一年里有许多次，当我仰望天空并对"大我"说："你

高估了我处理这件事情的能力。这太难了。我无法应付。我需要休息一下。请让事情停下来，或让我稳定一段时间吧。"

好消息是那些感觉称得上不舒心，对吧？所以，如果你觉得困惑，那你就可以对它使用"流程"工具了；如果你觉得沮丧，那你就可以对它使用"流程"工具了；如果你觉得应接不暇，那你就可以对它使用"流程"工具了；如果你觉得迷茫，那你就可以对它使用"流程"工具了。这些都给你提供了更多的机会来钻探并拨开云层！

重点：

你的"大我"了解你，比你了解自己更多。他/她给予你的，绝不会超越你能应付的极限。即使你觉得自己应接不暇或无力对付，但实际上并不是那样，而且你也能对付得了。你会安然无恙，而且最终会因有这样的体验而有极大的赞赏和感谢。

预料到"非常不耐烦"

如果你的游戏旅程像我的一样，也像其他许多其游戏旅程我知道的玩家的一样，在跃入第二阶段后，你会想立即重新得到你的无限力量、智慧、丰盛以及"真正的快乐"。你不会想着非得使用工具钻探云层，并随着时间的推移体验洋溢和转化。我称之为"非常不耐烦"。

如果你的感觉是那样的话，原因其实很简单。你对自己在第一阶段所体验的限制和束缚是那么厌烦，所以当你被提醒"真正的你"是什么样的，以及什么样的事情对你来说是可能的，这时候你想要的是昔日的好东西。这是一个合乎情理的反应，也在预料之中。我曾说过，我自己的感觉也是那样的！

从我自身的体验来看，如果那个互动关系在你心里运行，而你感到非常不耐烦，那么没有任何人可以说或做一些事，能使你突然感到有耐心或更加有耐心——你也不会想驱除不耐烦的感觉，因为不耐烦就是不舒心，而且你能如何对待不舒心呢？使用"流程"工具！

然而，我想向你提供几个你可利用和借鉴的比喻和事例，当你使用工具钻探，或当不耐烦浮现时，自动提醒你"真相"是什么，并帮助你扩展，穿越这些不耐烦。

首先，你曾看过电影或电视剧里犯人越狱的情景吗？你很可能看过。让我大致说说电影或电视剧里犯人越狱时会发生什么。有一个或多个被长期监禁甚至终身监禁的犯人，决定越狱。他们时间有限，用来越狱的工具也有限，所以，他们能使用什么工具就使用什么工具。

在我看过的一部电影里，一个犯人用一个大勺制作了一个临时使用的铲子，开始在自己的牢房里，通过马桶后面的一个小洞挖隧道。那么，在那样的一个场景里，犯人知道挖通隧道需要花费很漫长的时间。他知道他只能在狱警不注意的时候挖，而且他临时使用的铲子也不坚固，所以他特别有耐心。他当然希望昨天就已经不在监狱里了，但他知道那不可能，所以在他挖掘隧道并取得非常缓慢的进展的时候，他表现出了极大的耐心。你有机会提醒自己，在犯人越狱这个事例和你逃脱第一阶段游戏的限制和束缚二者之间是有共同之处的。

如果你的旅程像我的一样（也可能不像），你也许会对于如此重复地使用工具钻探云层感觉到非常不耐烦。"好了，现在我使用'流程'工具已有一阵子了。"你也许会这样想，"我到底还需要花费多长时间一而再、再而三地一直重复做同样的事情呢？"

让我和你分享几件有关非常不耐烦的互动关系的事情，以便支持你穿越这个阶段。然后，在下一章我们将继续这个讨论。首先，真正具有讽刺意味的事情是，在第一阶段，许多玩家会努力工作，试图创造成功的生意、事业、财富自由、财富，或大笔的被动收入。他们会一直辛勤工作几十年，却并没有达到目标，而且在辛劳的过程中也不曾真正抱怨过什么。但如果同样那些玩家玩第二阶段的游戏，历经3个月而还没有彻底解脱的话，天哪，他们都气炸啦！

接下来，我想给你说几件事情来解决你的一些不耐烦情绪，那些情绪促成了我刚刚描述的态度。如果你是一个登山者,你选择爬山的有冰的一面,那么你就得反复踢你上面有钉子的靴子,踢进冰冷的冰里面,来支持你爬山。你就得反复举起胳膊,在头顶挥舞一把冰斧子,并把它嵌入冰里面,然后用冰斧子把自己拉上去。如果你喜欢爬山,你会不会抱怨说:"到底为什么我非得一直把靴子往冰里面踢呢?为了爬山为什么我得一次又一次地把冰斧子嵌入冰里面呢?为什么刚要爬山这里就有冰呢?"你不会这样抱怨的。

如果你喜欢打高尔夫球,你会不会这样说:"为了使球掉进洞里,为什么我非得一直使用该死的球杆呢?"你不会这样说的。

如果你喜欢牵着狗出去散步,你会不会这样说:"到底为什么我非得一次又一次地把一只脚放到另一只前面,才能往前走呢?"或者如果你喜欢慢跑的话,你会不会抱怨为什么非得以更快的速度做同样的事情呢?你不会这样抱怨的。

如果你是一个网球运动员,你会不会说:"为什么我非得把用力击打过去的球打得高过球网呢?真该死!"你不会这样说的。

体操运动员会不会说:"为什么我非得使自己一直挂在吊环上或在木马上摆动自己的身体呢?"不会的。

在上面每一个例子当中,人们对这种重复都是有预期的。它是游戏的一部分,也是运动员最为喜爱的那一部分。这和使用工具在第二阶段钻探云层的道理是一样的。你是在玩自己喜欢的游戏（即使表面上看不出来你喜欢），而且重复使用工具是游戏的一部分。

当你觉得不耐烦的时候，那正是这个评判，以及第一阶段游戏的残余覆盖在你的体验之上了。那不耐烦的感觉并不是真实的，它只是第一阶段的奇迹的又一个幻象，而且它将自行削弱并掉落。但可能的情况是，从我自己的生活体验以及我同其他一些玩家来往的体验来看，你会有许多次觉得不耐烦的经历的！

我告诉游戏玩家们，要想得到第二阶段拓展了的游戏旅程、穿越云层的流程、解脱以及急剧改变的全息图，这些都要花费很多年的时间。如果花费更少的时间，那么你就该庆祝一番，如果你想的话（尽管在那个时候你可能不会），但要想得到这些是一次漫长的游戏旅程。我的情况是，第二阶段里面最初几次大的突破，直到我玩第二阶段的游戏两年之后才来到。令人惊异的拓展和转变在随后的三年时间里才来到，而且我在写这本书的时候继续遇到不凡的体验和感受，这时候我已进入第二阶段 5 年多时间了。这些时间的框框不是规则和方案，只是我创造的，但把它们记在心里会很有帮助的。

预料到不稳定和你全息图上发生不寻常的快速变化

我们讨论过，在第二阶段，你的"大我"将会创造一些

"能量场"中的模式,赋予其能量,使幻象出现,由此设计来支持你钻探云层,并钻出洞来,而且使"真正的你"的太阳照射进你的全息图。于是,在展开的故事当中,你很可能会注意到一个更大程度的不稳定状态和快速的变化。

给你举个普通的例子来解释一个观点。如果你的"大我"为你"纯体验式的观影"体验创造了一个"能量场"中的模式,该电影场景预计持续 20 分钟,而且给你 3 次使用"流程"工具以及以某种方式从中拓展的机会,一旦那 20 分钟时间过去,而你已使用"流程"工具三次了,那么,无论那个场景中有什么你都不再需要了,而且它会立即变化或变形,变成另外一种大不相同的东西——甚至是以那些似乎说不通的方式。

与之相似的是,如果你的"大我"写下一个电影场景,其中你自己的另一面向,即员工、合作伙伴、销售商、客户、银行家或会计师,本应说事物 A、做事物 B,来支持你做第二阶段的工作,而且你最终获得的是体验 C,一旦你获得了体验 C,你自己的那另一面向就可能立即变成一个全新的人,甚至这个人的变化完全说不通,或看起来与人物角色的个性、历史相矛盾,这一点我在前面已解释过。

事实上,有时候,你自己的其他面向被创造出来,他们甚至不记得说和做自己说和做过的。而且在他们发生一次变化之后,可以创造他们,让他们以奇异而不寻常的方式再次变化，来支持另一个场景里的目标。当你在第二阶段"纯体验式观影"体验中感受其他角色变化的程度时，这种感受可能会变得非常不可思议。

我说不出第二阶段对你来说到底看起来怎么样、感觉起来怎么样，这是因人而异的。但是你的"大我"知道如何使你作为玩独特"人性游戏"一个独特的"无限存有"，得到彻底解脱。我可以绝对保证的是，如果你有勇气、毅力、全情投入和自律精神，来做第二阶段的工作，而且坚持做下去——哪怕是感到恐怖、不舒心或糟糕的时候，你会慢慢喜欢第二阶段的工作的。

在结束这一章之前，我要提出两个关键点。第一，在做第二阶段的工作时，尽量对自己温和些、耐心些；当你不能做到时，就使用"流程"工具，因为你不舒心。你没必要一夜之间成为使用工具的大师。你也许会发现自己这样说：

- "我就是做不好这件事。"
- "我刚有机会使用'流程'工具却没有用。太糟糕了！"
- "我再也不打算做这件事了。"
- "我只是没有需要坚持到底的精神。"
- "不论我如何努力，事情对我总不奏效。"
- "这件事我做不了！"

要知道这样的声音是过去有限制的创造，它在第一阶段对你影响很大，但现在不再影响你了。在这些声音上使用

"流程"工具吧。你只是做你能做的,并且相信所有事情进展良好,不管发生什么事情。你总是能把事情做得很好,不管表面上看起来怎么样,也不管你为此给自己讲了一个什么样的故事!

重点:
永远不要低估你使自己相信幻象是真实的以及你正处于"真正的你"的反面所要花费的代价。

在你不论多少年的人生体验当中,你已经使用了全部的力量、创造力、发明力、聪明才智以及诡诈的本事,这些是你作为"无限存有"所具有的,为的是使你相信其中的幻象是真实的,而且你正处于"真正的你"的反面。

可以这么说,你毫不留情地捶打着自己的头部,说:"物质世界是真实的,物质世界是真实的;金钱是真实的,金钱是真实的;我的活期账户是真实的,我的活期账户是真实的;力量在我身外,力量在我身外;我真的受着限制,我真的受着限制。"直到你绝对相信了。你很无情地把自己从无限状态带到了有限状态。现在你必须使所有那些感觉逆转回来,再把你自己从有限状态带回到无限状态。这会需要你付出时间、精力、努力以及自律的代价。要准备好做这些事情,如果你评判自己太慢,或感觉要做的事情太多,或不论其他什么评判出现,允许自己停下来休息一下,或运用"流程"工具。

重点:

你作为游戏玩家,在第二阶段,并不需要你积极主动地促使事情发生或制造出结果来。你只是做第二阶段的工作,而且在做的时候,你会钻开越来越多的云层,而且"真正的你"的太阳也会越来越多地照射进来。当这个情况发生时,你的全息图就会自行变化,而且非凡的结果就自然而然地被创造出来了——通过展开令人惊异的故事情节。

对我而言,第一阶段是令人疲惫的。第一阶段是那么复杂,有那么多选择要做,有那么多工作要做,有那么多事情要促成,有那么多细节要分析、处理,而且设法让我的生意获得成功。但是然后,随着我深入第二阶段,我得到的喜悦、平静和满足感直冲天际(而且它们还在继续不断上升),并超越过去所有的模式(而且那些模式还在持续产生)的束缚而得到拓展。你也将会为你自己创造相同的互动关系。

关于第二阶段的游戏,我所特别喜爱和欣赏的其他事情之一,就是第二阶段的游戏是那么简单!你工具包里只有四种工具,而且什么时候用哪种一清二楚。你生活在一个"响应模式"里,等待着看你感受到触动和鼓舞所要去做的事情,以应对出现在你的全息图上的幻象。然后你只需要信任你的"大我",而且做你受到触动去做的事情,包括取出合适的工具来使用,以便完成工作。

在你一天又一天地做那个工作之后,你有一天早上醒来会注到你全息图上的某个事物已经发生了变化。也许,过去会使你发疯的事物,现在则会使你发笑。也许,某个曾经看起来一直对你很混蛋的人突然变得善良并能够给你帮助了。也许金钱会开始从意想不到的地方显现了。一件事情将会变化,接着是另一件,接着又是另一件。然后,变化的速度将开始加速,幅度也开始变大,进入我所称的"奇迹般的领地"。这一切都来自每天耐心、持续且不带目的地使用那些钻探工具的好处。

要想知道更多有关解脱点的实际样子的细节信息,包括我自己如何跨越解脱点的体验和感受的细节信息,你可以进入和本书附赠的章节里看:www.bustingloose.com/chapters.html。

重点:

你迄今所发现的一切事物都将变得越来越真实,而且你对真相的体验和感受将会加深,当你继续拨开云层并得到洋溢时。

当你准备好了要发现"艰难之路,唯勇者行"这句古老格言里的新花样时,请翻过页,继续读第十四章吧。

---

① 朱迪·加兰语,扮演电影《绿野仙踪》(沃纳家庭影像公司1939年出品)中多萝西的话;根据 L. 弗兰克·鲍姆著《Oz 的有趣怪人》(美国芝加哥:乔治·M. 希尔出版公司,1900年版)一书改编。

第十四章　当事情变得艰难时

不是因为我有多聪明，而是因为我考虑问题的时间比别人更长。①

——阿尔伯特·爱因斯坦

有一句第一阶段的古老格言是这么说的："艰难之路，唯勇者行。"我总是这样解释那句格言的意思：当生活中的事情变得真正困难时，如果你强壮有力、意志顽强，那么你深入事情本身，会发现你并不知道自己具有的某种形式的内在力量，并且真正发现你的本质是什么，而且坚持继续前行，直到你最终克服那个困难。

在第一阶段，这句格言经常被用来加强第一阶段的互动关系——通过激励人们在一条难走的路上坚持不懈。那条路从未带来过改善，而且只是带来无尽的痛苦。尽管如此，玩第二阶段的游戏时，你却可能遇到一种相似的体验。我在自己第二阶段的游戏旅程中曾不止一次体验过。除了我在上一章讨论过的挑战以外，在第二阶段的游戏的路上，可能会有这样的时候，即你的游戏旅程好像极具挑战性、极其强烈、压倒一切，以致你想要认输并放弃——尽管你知道，一旦你拨开云层，不寻常的机会还是可能有的。我称那些体验为"灵魂暗夜"。

具有讽刺意味的是，恰恰就是在这样黑暗的时刻，你常常最为接近在云层中钻出一个小洞，并感受最大程度的拓展和转变的时刻。当我体验那样的暗夜时，我常常跟"大我"进行只有我一人说话的单向谈话，这样的时候，我会生气地说："我的第一阶段真是太难了。这第二阶段的游戏旅程更是太难了。如果这就是接下去将会发生的事，那么让我离开这里吧。我已经受够了。我再也不要这样做了。"

在我第二阶段的旅程中，我一定不下百次地深切感受过像那样的徒劳无功和无望。然而，在我坚持使用"流程"工具并从中拓展自己之后，我开始看到、感受到了某种令人迷恋的东西。我开始看到、感受到了那样的徒劳无功和无望并不是实时发生的。我开始看到、感受到那样的情绪是我自出生到3岁时感受的重现（而且以后当这些模式重现时，我还会感受到），当我所创造的用来实现第一阶段的奇迹的最大模式，正被创造和锁定的时候。我发现当一出实时上演的第二阶段的游戏的戏剧情节慢慢展开时，那些情节就会在我心里触发与以前同样的情绪。这出实时上演的戏剧是原来那出戏剧的重演，而那被触发的情绪也是以前情绪的重现，伪装得很是巧妙，所以很长时间里，我都不知道它的"真相"。

当我挖出一个足够深的隧道，在那个模式的云层里钻出一个洞（现在我称之为"章鱼模式"），并且当我能够感受其中的"真相"的时候，我对自己作为那么令人惊异、那么巧妙地伪装起来的感受的创造者（初始的和重现的）以及那些感受本身的赞赏和感谢，拓展到了如此巨大的程度，以致于让我目瞪口呆。如果你想了解更多有关这个体验的情况，我现在将其称作"章鱼模式"，请访问我的网站上下面的网页，下载我专为你建的音频文件：www.bustingloose.com/octopus.html。

并非必须经历"灵魂暗夜"才能达到彻底解脱或者拨开云层，但是许多游戏玩家感受过"灵魂暗夜"，这就是为什么我要花时间来讨论它们的本质和意义，为什么我要给你提供支持，以防你把自己带往那样的境地的原因。

如果你有一个"灵魂暗夜"的体验，那么到底在发生什么呢？一个巨大的谎言正在起作用。而当巨大的谎言起作用时，就有巨大的力量在其背后支持着它，就有一个钻探并在云层中钻出洞来的不寻常的机会，因而还有一个在全息图上体验非凡拓展和转变的机会。

"灵魂暗夜"还有一个表现方式，即你想要放弃的原因，不是因为它那么艰难，而是因为你对我个人、对"解脱模式"，或对这两者都存有严重的怀疑。你还记得我们讨论肖恩·康纳里主演的电影《偷天陷阱》，目的是说明我们安装于第一阶段的安保系统，使我们远离"真相"和我们的力量、智慧、丰盛以及"真正的快乐"吗？如果不记得了，你可以在第四章结尾处回顾一下。

好了，继续说那个比喻吧。想象你已经建造了一个精密的安保系统，像那部电影里的一样，来保护存放在你的博物馆里的一块宝石。再想象一个手段高明的窃贼，能够突破你所有的安防措施，手里拿着那块宝石，就离开博物馆了。如果你有保护那块宝石免于被偷的最后一个机会，如果你在现场，你会对那个窃贼说什么呢？"那块宝石是赝品！那不是真宝石！"对不对？那是你最后一招，最后的努力，因为别的所有措施都失败了。

如果你发现自己以一种全情投入的方式，玩第二阶段的游戏一段时间后，而且你也体验了对我个人和对"解脱模式"本身的怀疑的话，这其实是你的"大我"在你面前向你显示，你的安保系统多有效（或能多有效），你是多么了不起的一个幻术师，通过最后的努力——最后一把努力往往极为有效！只管使用"流程"工具吧，坚持使用，那么那些感受会弱化并离开的。那些感受有可能还会回来，有可能不会再来。如果那些感觉回来，就再用"流程"工具，尽可能多地使用，那么它们会自行解决———劳永逸地。

要想使我们第一阶段的奇迹的幻象显得真实，而且欺骗我们与"真正的我们"截然相反，这些幻象就得制造得极其复杂、细节丰富、有多个层面。电影《侏罗纪公园》里的恐龙（或任何令人惊异的特效）显得真实无比，如果你能够窥探做到这一切的软件，还有构建其中的层层结构，你将会大吃一惊。

我喜欢使用洋葱的比喻来说明这么一个关于某个物体的概念：该物体有着许多层面，合并起来创造成一个看起来坚实的物体。为了拆解或解剖你的"大我"在第二阶段里带你去的主要幻象，你就得一直不断地回到那个幻象的中心，并窥视那个幻象的更多层面。

在第二阶段，我们不断回到幻象当中去，直到剥开"大我"要我们检查的所有层面。

为什么你的"大我"想要你剥开那样一个幻象的许多甚至所有层面呢？因为每当你穿越一层，清楚地看到里面的构造（那些信念、评判、后果、在你的生意和个人生活里的重复，等等）时，你对自己如何创造了这个幻象的赞赏和感谢就会升起，直到你对整个幻象和你的创造者角色的总的赞赏和感谢迅速升起。

这里有一个例子，说明如何看待这个问题。我喜欢基弗·萨瑟兰主演的那部叫《24小时》的电视连续剧。在开播两年之后，我发现了该电视剧所有能买到的两个播出季的DVD。我买了我错过未看的两个播出季的DVD，观看之后，发现我很喜欢这个节目。然后，我在盒子里另外的DVD上发现了附赠的材料。在附赠的材料里面，有一些对节目的主创人员、演员以及全体制片人的访谈录像。他们给你看了用于这个节目的设备的实际情形，他们也给你看了几个特逼真的幻象和特效是如何创造出来的。在我看过电视剧本身之后，我给予这个节目的赞赏和感谢已经很高了，但在我看过附赠的材料之后，我给予这个节目的赞赏和感谢抬得更高了。为什么呢？因为我"慢慢剥开内层"，看到了有关我所大为赞赏和感谢的幻象是如何被创造的越来越多的情况。如果你有类似体验，那么你就能明白我的意思。如果你没有类似体验，我希望你能理解这个想法。

当你慢慢剥开你如何创造第一阶段的奇迹的幻象的内

层，来赞赏和感谢他们是如何被创造出来的、如何运作的等时，这时候，一个相似的互动关系就发生了。在我第二阶段的游戏旅程中，每当我感受一次"灵魂暗夜"时，我会走出来，到另一面，到我在云层钻出的洞口，表达不寻常的赞赏和感谢给我自己（作为创造者）及幻象本身，包括故事的具体情节、层面、演员及合起来创造出幻象的特效。

为了把这个重点说清楚，现在让我和你分享另外一个比喻。稍微想想钢铁吧，钢铁是一种坚硬、牢固的物质。如果你想把钢铁铸造成具体的形状——车门、桌腿或桌面，你首先必须把钢铁加热到极高的温度，直到它变软。然后你铸造它，再次冷却它，而且把它永久地固定成那个形状。然而，如果你以后还想把它再铸造成一个新形状，你就必须重复上述整个程序——把钢铁再次加热，使它变软，然后重新铸造，并冷却它。

继续扩展这个比喻。实现第一阶段的奇迹，就像把钢铁加热，倒进一个和它本来的形状相反的受限制、受束缚的模具，然后冷却它，固定成那个形状。到第二阶段，当你想把那个形状再铸造成拥有无限力量、智慧、丰盛以及"真正的快乐"的形状，你就必须再次加热它，以便它变软，可以被铸造成任何形状。你在第二阶段体验的诸如不舒心、压力大或"灵魂暗夜"，其实就是你必须自己生产出来以便铸造成某种形状的"热量"。

在结束本章之前咱们再分享一个比喻吧。咱们再次回到那个太阳和乌云的比喻，包括钻探、隧道以及云层里的洞。想象在第二阶段，你的"大我"带你到一处云层说："咱们从这里开始挖掘吧。"所以他／她用故事情节把模式嵌入"能量场"中，来支持你钻探云层，使你进入那些故事，并让你开始使用那些工具来钻探。

想象你一直钻探，已有一会儿了，而且你已经钻到了某条隧道 3/4 的深度了，并且即将从那个隧道挖出一个洞口。然而你并不知道你已经在隧道掘进了 3/4 的深度，所以你很可能会感到沮丧，就好像你一直钻呀钻、钻呀钻，却没有丝毫进展，尽管你走了很长的一段路，对不对？你甚至会想放弃、认输，尽管你已走了这么远，而且即将取得突破，对不对？当事情难以进展时，记住这个景象吧（如果事情真的难以进展）。不管你在任何时候感觉如何，只要你在使用工具，你就处于云层中的一个隧道里，你在钻探，而且你在朝着在云层里打开洞口的目标前进。

最后，在第二阶段里有这样的时候：当你钻呀钻、钻呀钻，并且钻开一个洞口，而且当太阳开始照射进来时，你全息图里的某个事物就会发生巨大的转变。你可以说是在舒适地晒着太阳，感受自我的拓展和真正的快乐。但是当你被带到云层的另一处、另一个模式的时候，那就像被人拆了台而失去立足之地，也许也像你根本未曾在云层里钻出一个洞口,或取得任何进展一样。

在那样的情景里发生的事情就是,你确实钻通了一条隧道,你确实打出了一个洞,而且你确实体验和感受了拓展和转变。这一切都是实在的、真实的,但是然后你的"大我"说:"好吧,咱们到云层的另一处去,开始在那里钻探,以便我们能更多地拓展和转变更多事物。"这就像被人拆了台而失去立足之地,也像你失去某个东西或根本未曾拥有过那个东西,但那并不真实。你只是在钻探一条新的隧道,比起你舒适地晒太阳时感受到的温暖,那条隧道是又暗又冷。尽管有那样的感觉,你却正走在实现更大拓展、更大转变,甚至有更多阳光照进你的全息图里的路上,尽管感觉并不是那样。

顺便说一下,如果你想要看这样一部电影,这部电影能说清楚我在这一章里提出的观点(以多种感觉并用的方式),我所提出的观点是有关为什么第二阶段的游戏旅程得那么强烈、无情、艰难,为什么在我们忙于颠覆真正的大幻象、大谎言的时候,那个"热度"得要那么高。去观看迈克尔·道格拉斯主演的《心理游戏》吧。你将会被惊呆!

当你准备好了要从我们一直进行的理论层面的讨论转变,发现我在钻探云层时所遇到的事情,以及第二阶段的游戏的其他玩家在钻探云层时所遇事情的具体的、琐碎的、日常的、实际的细节时,请翻过页,开始读第十五章吧。

---

① 阿尔伯特·爱因斯坦语,见网站"About.con:Quotations",网址是:http:quotations.about.com/cs/inspirationquotes/a/ProblemSolvil.htm.

第十五章 重新创造

> 如果一家公司,不是给员工灌输恐惧的思想,而是提供一个公司里人人都能深潜其中的方式——开始拓展能量和智力,那么人们就愿意无偿加班工作。他们也将会更有创造力。而且该公司将会取得突飞猛进的发展。这是能够做到的。本来不是这样,但可以很容易地做到这样。①
>
> ——电影导演 戴维·林奇

你是不是在没有读过本书前面章节的情况下先跳到本章来读呢?如果是那样的话,为了你着想,请把书页翻回去,读完其他章节再来读这一章吧。除非你收到了我为你准备的所有游戏"拼图",而且整个摆脱"商业游戏"的地图出现在你眼前,否则你是无法彻底摆脱"商业游戏"的。然后你可以借助那张地图来真正摆脱"商业游戏"。在这点上,请相信我!

当你穿越云层并且拓展到那个节点,即你开始玩"新商业游戏"的节点,我称之为穿越"彻底解脱点"。

彻底解脱点

重点:

每个"无限存有"都创造着他／她自己独特的"彻底解脱点",以及穿越"彻底解脱点"之前和之后的所有事物。

在前面几章里,我解释了第二阶段的生活,意味着日复一日地使用那四种钻探工具,不带有目的,不是为了实现某个特定结果的投资,想要去修复、改变或改善你的全息图(竭尽全力,直到那种生活变得自然而然,并且当它变得不自然时,就使用"流程"工具)。我解释过,在第二阶段,你生活在"响应模式"中,经验当下的体验,等待看到全息图上会出现什么东西,然后当你受到触动或启发去行动时做出反应——在使用"流程"工具之前和之后,当你感觉到不舒心时。

当你那样做且做得足够多时,我说不上对你而言"足够"意味着什么,因为我们每个人的情况不同,这时你就到达了"彻底解脱点",从此你就可以跨入一个新世界,并以新的方式生活了。现在你准备好了去发现有关"彻底解脱点"的情况,一旦你跨过去之后,将会看到怎样一个新世界。然而你得记住,虽然你的"彻底解脱点"和我的"彻底解脱点",还有和其他与我有相同体验的游戏玩家的"彻底解脱点",也许有好几个共同点,但是最终,你将会定制自己的"彻底解脱点"以及以后的发展,以此来支持你作为独一无二的"无限存有",玩耍着独一无二的"人性游戏"和"新商业游戏"。

你还得记住,我在这一章里所分享的不是理论,也不是在叙述一些仅仅是我相信有可能的事情。我到达"彻底解脱点",穿越它后,实际上我就已经以我在这本书里讨论的崭新方式生活了。然而我的游戏旅程还远远没有结束。在我玩"人性游戏"和"新商业游戏"时,我仍然正在步入更多对"真我"的直接体验当中。我不知道下一步在我的全息图里会出现什么,我也不想知道。我更愿意使第二阶段的游戏的美妙壮观之处自行展现,给我惊喜、给我欢乐。我得说,尽管我不知道,我深入第二阶段的游戏之后会看到什么美妙壮观的东西,但在我写这本书的时候我所深入的程度,已经比任何我曾体验、曾想过在我的生意和个人生活中会体验的壮观程度,更为不可思议了。

当你穿越"彻底解脱点"时，你已经颠覆了使你困于金钱上受限制的状态的大多数或全部的基本模式，而且你已经得到拓展，并向你自然状态下的无限丰盛开放了。这时，你知道——在很深的层次上——你是在创造着你所体验和感受的一切。你知道——从你的"存有"内心深处（以无法言传的方式）——你有力量创造一切事物，并使之进入你的全息图，与之玩耍。你知道——在你的"存有"内心深处——数字不是真实的，金钱不是真实的，你的存款账目不是真实的，而且经过你的全息图的明显的资金流也不是真实的，但你自然状态下的无限丰盛却是真实的。你知道，从你的"存有"内心深处，"别的人"就是乔装起来的你，与你并无分离。简言之，你对于"真正的你"的"真相"有着完全的信任和信心。这是一个非常真实、能够达到的"意识"状态，即使现在暂时看起来像是科幻小说。

如果你仔细、客观地来看的话，那么你会说，你玩"商业游戏"时，多数使你沮丧、给你挑战的事情，可以归结为一件事：第一阶段的"信念以外的力量"。

我这么说是什么意思呢？我意思是说，在第一阶段，在创建并维持一个成功的公司这件事上牵涉到很多变量，你相信你能影响那些变量（在故事情节里），但你却无法控制它们，因为外在的力量在驱使着那些变量：

- 员工、合作伙伴、销售商、董事会成员、股东、潜在主顾、客户、顾客，这些人都在你以外，与你是分离的，有他们自己的力量和决策能力，你无法控制他们……而且这是个问题。

• 竞争对手，他们在你以外，与你是分离的，你从来都不知道他们将要做些什么……而且这是个问题。

• 经济形势，它在你以外，与你是分离的，而且对于伴随经济形势发生了什么，或所发生的事情给你带来什么样的影响，你是没有发言权的。

• 法律诉讼，你根本无法控制——而且你可能在什么都做得好好的情况下，还遭到起诉。

情况就这样一直继续下去，在第一阶段，"你处于'真我'的反面"是让你不安和抗争的动力源。

现在你知道"真相"了，就是：你在创造自己体验的一切——所有事物，包括最细微的事物；在你身外没有力量，在任何人、任何事物身上也都没有；而且你可以通过拨开云层收回那个力量，世界突然显得如此不同，是不是这样呢？

在本书《导言》部分，我跟你分享过，即彻底摆脱"商业游戏"这件事，常常呈现出一定的、可预测的形状和形式，尽管对于每个游戏玩家来说，情况都是独一无二的。

现在让我们逐个地看看这些常见的形状和形式吧。

• 生活在一个欢乐的、令人兴奋的、平静的、安谧的内心空间——不管周围在发生着什么，也不管你的生意里或世界上别的地方在发生什么，也不管别人说什么或做什么。

在第一阶段，玩"商业游戏"时有高兴的心情，而且能够享受游戏过程本身，这是少有的事。这样的境界常常只是空口白话，或者只能在心里想想而已。但是一般情况下，当实现具体结果、建造销售和利润机器、保持销售和利润机器运转（最好是处于增长状态）以及四处灭火这样的压力，席卷而至时，关于这个境界的想法早就没影儿了。

你也许对这些流行的战斗口号很熟悉："我要去度假，当_____的时候。""我只是在这个非常时期努力工作而已，直到_____，然后我会放慢节奏的。""你想让我做什么？我资金周转不开了，而且这件事情必须得到解决，否则_____。"

到了第二阶段，所有那一切都会发生变化——以宏大的方式。到了第二阶段，在你拨开足够多的云层之后（在那之前只是时有时无），角色逆转了，而且你的兴趣、快乐、从容，还有我称为的"生活方式上的友善"，成为你的首选（而且也成为你的"大我"的首选）。这就是"真正的目标"开始发挥作用的时刻，这和驱动许多你在第一阶段的游戏的"幻想的目标"正好相对（"兔子"）。当你处于这个境界时，结果只居次位。

此外，一旦你拓展到越来越多的对于"真我"的直接体验当中，这个时候，故事情节里你身外发生的事情已不重要了。甚至当你创造了你以前认为具有挑战性、很艰难的体验（假设你依然这么认为……而你也许不再这么认为了）时，你还会处于一个快乐的地方、一个安谧的地方、一个令人激动的地方——就像登山者、橄榄球运动员、演员或体操运动员,他们只管做自己想做的事,不管做起来有多困难。

所有这些将会极大改变你玩"商业游戏"的感受,而且将以意想不到的、超级酷的方式像水流一样影响你的私人生活。

• 只为获得快乐而去玩"商业游戏"吧,不要附带任何具体的、有意识的目的、目标或制造具体结果的执着——然而不论怎样,你会创造出非凡的结果,金融或其他方面的。

在第一阶段,如果没有经商计划、营销计划、目标、每日的任务或销售指标,你就无法经营一家公司。"如果你连指标都不懂,你怎么能指望达到指标呢?"这是关于这一点的很流行的战斗口号。"如果你不知道自己去的地方在哪里,那么你怎么能到达那个地方呢?"

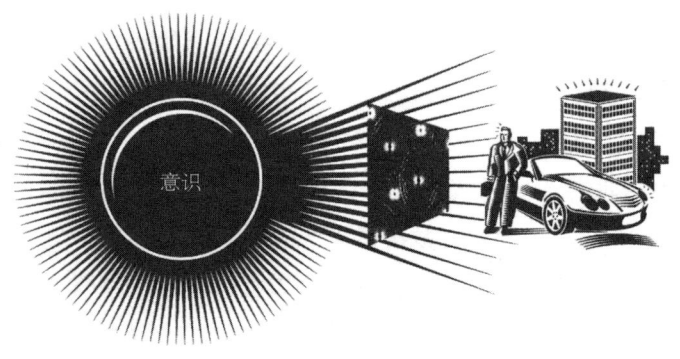

显化机制

稍微研究一下上面的说明显化机制的插图，从左往右看，提醒自己想到真正的创造过程是当你玩"商业游戏"时，驱使你所体验的一切事情的力量。如果你接受所有有关目标、意图、计划、指标等的声明和说教，那么你可以看到那些声明和说教是对的，如果你把他们提升到"大我"的层次。你的"大我"也必须有计划、指标、目标、意图以及预期的结果。如果他或她没有的话，那么在"能量场"中模式就不会被创造、被赋予能量，或被促动以便显现于全息图，并显得真实。当然，必须有在某处创造出结果的意图，但是你现在知道意图的力量存在于你的"大我"身上——而不是在作为游戏玩家的你身上。

塑造你玩"商业游戏"和"人性游戏"时所发生的事情的"真正的创造力量"，一直在幕后和你的"大我"在一起。任何时候，当一个计划似乎有进展或似乎失败了；任何时候，当你看起来达到一个目标或没有达到时；任何时候，当你的意图被显化或没有被显化时，那"真正的创造力量"总是在游戏场所中那些决定结果的模式里的细节。你有角色要去扮演，而且你出色地扮演了那个角色，但是，并不是你、你的行动、你的思想、你的意图、你的目标或你的目做到了这一点。正是由于这个原因，在你拨开第二阶段的云层且得到拓展时，你会遇到两件事情：

1. 你终将放下驯服、操纵、控制全息图，以及设定目标、指标和日常事项的努力,而且你将会轻松地扮演起游戏玩家的角色,这个玩家是只为了快乐而玩游戏。

2. 尽管你放下了控制的幻象,但你仍然可以在你的生意里创造出不凡的结果来。为什么呢?因为你的"大我"将会编写非凡的"能量场"中的模式,而且使你进入故事当中去玩游戏。通过分配你的产品和服务,对你的顾客,仍然总是能够对世界产生巨大、积极的影响——但是我要重申一下,做到这一点,不需要任何努力,不需要带着具体意图、目标或计划。

"商业游戏"的很多玩家之所以玩,是因为他们想通过分配他们的产品和服务,帮助人们或改变世界。对于他们的生意或使命的意义所在,他们的热情令人难以置信。如果这里说的正好是你作为企业主或雇员的情况,而且你想继续玩那个游戏,那么你会在第二阶段实现这个目标,但具体情况很不一样。有什么不一样呢?当你实现那个目标的时候,你感觉不到你付出了人们所谓的努力,你也感觉不到你有做那件事的意图,以及为如何最好地或最有效率地去做那件事而做计划,等等。

你的"大我"将只会创造出那些"能量场"中的模式,里面有"改变世界,影响生活"的故事;你的"大我"将会赋予其能量,然后只听"轰隆隆"一声,你作为明星的那些故事的幻象就突然出现了。享受其中的每一秒钟吧!你将会在那些故事中扮演角色，我曾解释过，但是不必为故事情节而担心，也不必为发展方向或促使任何具体的事情发生而操心。你只需要跟随着旅程就行了。

这样来看这件事情吧。你也许享受，也许不享受坐过山车的感觉，但此刻，假设你很享受。如果你选择在迪士尼乐园或别的游乐场里坐过山车，那么你的这次体验是关乎乐趣和乘坐，以及当车厢上行、下行或绕曲线轨道而行时你的感觉的。当过山车准备行进时，你坐到自己的座位上，系好安全带，等待过山车开始行进，带着极大的兴奋和即将享受到很多欢乐的期待。你知道你并不能控制过山车。你知道你并不能选择或控制过山车移动的方式。但你不在乎，因为你早就知道这些，而且你只想坐一次过山车，体验一下那种感觉。

当你开始玩"新商业游戏"时，也会发生同样的事情。你只是系好安全带，带着极大的兴奋和对于一次风一样的感觉的期待，而且使得你乘坐的过山车按照别人预定的路线行进，在你并不控制或使过山车移往别处的情况下。你轻轻松松地走到里面，到别人带你去的地方——而且一天又一天地享受你的生活旅程！这就是我的生活方式，而且也会是你的生活方式，一旦你拨开足够多的云层。

- 只做你热爱的事情，真正能够让你感到惬意的事情，作为玩"新商业游戏"的一部分——整天，每天。

在本章后半部分，还有在下一章，我将更加详细地讨论这个问题，但是现在让我说，当你拨开云层，你对"真相"的见解和体验得到拓展时，你所关注的焦点将从数字、"幻想的目标"、结果，还有"商业游戏"的故事细微情节上转向"真正的目标"，这时，你只做你真正热爱做的事，而且这样做的时候会产生极大的兴奋。你也将会允许自己，随着你的不断改变，让自己热爱的事情也随着变化。

有一个流行的说法："到过那里了，做过那件事情了。"这不是规则或准则，这只是我创造自己旅程的方式——但是当我拨开越来越多的云层，我的"到过那里了，做过那件事情了，想做不同的事情"的循环已经加速了。随着我的拓展，我以前所未有的方式做事的愿望也得到了拓展。我想做的事情既包括我以前从未做过的事情，也包括所有人都从未做过的事情。我无意非得完成我已经开始做的事情，或表现得执着，或可以预测事情的结果。

举例来说，我仍然喜欢玩"教学游戏"，但是在我写这本书的时候，我感到了极大的兴奋，对于继续做这件事，以如下崭新的方式，比如：通过小说、电影，还有创造性地使用技术和多媒体（文本＋音频＋录像）——而不是通过更传统的渠道当众演说或写作像这本书一样的非虚构作品。

将来的某个时间点，我也许失去了对玩"教学游戏"和"新商业游戏"的兴趣，也许我会发现自己正在做着我连想都不敢想的、永远也不会预测的事情，或以前从未想到过的事情。看到我将要创造出来的东西我会很兴奋！

• 只在想工作的时候工作，而且享受比你现在所能想象的更多时间和自由，当你还在有效地扮演你在生意中所选择的角色时——不管你的生意有多大或有多小。

在第一阶段，玩"商业游戏"时，即使你是老板，一般情况下你并不对自己的日程和时间安排有着完全的掌控。在第一阶段，你并不具有以下的条件："只在想工作的时候工作"，只在创意流动起来时才开始工作，而且有空闲和自由去追求其他无关生意的兴趣或爱好。

用一个极端的例子把这一点说清楚吧。就拿 J. 保罗·盖蒂来说吧。他在成为世界首富时，写了这样一段话来描述他的朋友海尔·赛莫：

> 海尔认为自己在个人自由方面非常富有。他总能够做自己想做的事情，而且总有时间做那些事情。在这些方面，他总会不失时机提醒我，我比他穷得多。在他去世前几年，他常常给我写信，信的开头是狡黠幽默、意味丰富的称呼语："世界首富致世界上最富有的人……"我不得不承认，我羡慕海尔有着富足的时间——这是现在的人们常常不够重视的一种财富。尽管从物质立场来看我是富裕的，但我早就适时地感到我的贫穷了，真

的。几十年以来,我的生意已经在我的时间上造成了极其严重的损耗,留给我随自己的兴趣使用的时间不多。我有书要读——我还想写书。我总是渴望到地球上我未曾看过的遥远的地方去旅行。②

为什么世界上最富裕的人(还有那么多玩第一阶段"商业游戏"的人)会创造出那样的"贫穷"?因为在第一阶段,有"使你相信你正处于'真我'的反面"这个游戏动力在那里起作用,情况只能是那样。"真正的你"对于他或她的时间有着完全的控制,而且随时都能做他或她喜欢的事。所以,在第一阶段,在大多数或所有时间里,你必须体验和上述情况相反的情况。在第一阶段,有那么多你控制不了的事情,这些事情在你计划要做的事项清单上创造出了无休无止的事项,包括那么多紧急事项,所以想要生活在你的本然状态简直不可能。

然而到了第二阶段,在你拨开足够多的云层之后,游戏的内容就是关乎拥有更多对"真正的你"的直接体验,包括完全掌控你的时间,还有说话、享受和做事情的绝对自由。于是,你的"大我"创造了"能量场"中的模式,为你写出了新故事,减少了你计划要做的事项清单上的事项数目,减少或消除了你牵涉其中的必要,如果那些事项还是留在清单上的话,或者无论你选择别的什么事情,来抽出时间和精力专门去做你真正喜欢做的事情。

读到这里,你也许会感兴趣,虽然万宝盛华公司的国际业务总部设在威斯康星州的米沃基市,但是我祖父,作为践行他自己的最终生活方式的一部分,却住在伊利诺伊州的芝加哥市,而且在那里工作。在这个故事里,祖父能那样做,跟他具有特别的授权能力有关,但事实是,他的"大我"创造了"能量场"中的模式,来支持他拥有那种程度上的自由和个人偏爱。

在我自己第二阶段的游戏旅程当中,我也创造了类似的事情。当我继续拨开云层并拓展时,我重新创造并简化了我的生意模式,使之包括的变动因素和人较少,而且使我自己的其他方面,去做为数不多的剩余事情,那些事情是我有意包括在我自己的模式里而我又不想亲自去做的事情。经常,早上我睡醒的时候,心里装着许多我能够做的趣事。但我必须去做的事情,即使有,也不多。当我创造一个看起来是一件必办之事或截止日期(这也能重新设计,只要我愿意)的幻象的时候,我并不把它们看成必办之事或截止日期,而且我也不强迫自己去做这些事情。为什么呢?因为我喜欢做那些事情。它们是我的乐趣所在。它们不是工作。

我把这些日子玩"新商业游戏"时我的感觉,描述为生活在"创造的狂喜"当中。我只追求我绝对喜欢的、创造性的事情,一般情况下没有截止日期或压力。当创意流动时,我就和那些项目一起玩了，当创意不流动时，我就不和那些项目一起玩了，我会做当下任何别的我受到触动去做的事情，包括许多与工作无关的事情，如玩电子游戏、读小说、看电影或我喜欢的电视连续剧的花絮。我可以选择足够的时间来和家人以及朋友一起度过。

- 玩"新商业游戏"，在你完全不关心或不受以下因素影响的情况下：经济形势、股市行情、税务当局、油价、竞争对手、员工的产量、行业趋势、技术革新、法律诉讼，或其他现在让你觉得无力应付的因素。

天哪，这是多么重要的事情啊！而且这可能是"彻底解脱模型"当中你现在接受起来最有挑战性的一个方面，尽管你将会直接体验这个模式，如果你选择去玩第二阶段的游戏的话。

为了实现第一阶段的奇迹，你必须创造出一些幻象来，比如，经济形势、竞争对手、股市行情、税务当局、法律诉讼，等等，然后用这些幻象来限制自己、束缚自己，而且使自己相信你正处于"真正的你"的反面。但到了第二阶段，这样的情况就大可不必了，所以一旦你拨开足够多的云层，你就可以自由地重新创造（或消除）所有那些支持你为了获得最大化的乐趣、挑战和愉悦而去玩"新商业游戏"的幻象。

你如何重新创造那些幻象，有无数可能性。就拿股市行情来说吧。如果股市崩盘了，而其中没有你的投资，那么股市崩盘这件事对你有什么限制性、束缚性或不好的影响吗？没有。如果在11月11日股市崩盘了，而你已经在10日当股市行情最好的时候，把所有股票都卖掉了，那么股市崩盘这件事对你有什么限制性、束缚性或不好的影响吗？没有。如果在11月11日股市崩盘了，而你已经在9日卖空了你的股票，那么股市崩盘这件事对你有什么限制性、束缚性或不好的影响吗？没有。所有这些可能的情况，还有更多可能的情况，你都可以去选择，来体验看起来发生在你的全息图之外的任何事情。

当涉及税收当局的时候，如果你能通过直接体验"真我"的"真相"，而得到源源不断的财源，那么你对于税收的幻象以金钱的形式表达多少赞赏和感谢有什么重要的呢？在你那样表达赞赏和感谢之后你并不损失什么，所以这就没有关系了。你还可以选择玩"税收最小化"游戏，如果对你来说有乐趣（这个游戏非常有乐趣）的话，但是如果你那么做，那不是有关省钱或得到更多钱，而是关于你从玩那个独特的游戏获得的乐趣。

当涉及行业趋势、技术革新、法律诉讼，以及其他现在让你觉得无能为力的因素的时候，一旦你拨开足够多的云层，你的"大我"将会开始写有关那些创造的新故事，在"能量场"中嵌入新模式，促使许多新幻象出现，来支持你玩游戏，随你怎么玩，根本没必要使那些创造出现，或即使它们出现,也不会限制你、束缚你或加强第一阶段的互动关系。而且让我告诉你,当这种情况发生时,它一定会使你兴奋不已!

- 让支持你的团队(员工、合作伙伴、董事会成员、销售商、股东、投资者等)毫不费力地、高高兴兴地一起行动,一起工作,激励他们,而且使其能够发挥高水平的表现。

你现在知道,在第一阶段,其他人们被创造,是为了看起来与你分离,独立于你,而且也为了在你的全息图上有他们自己的力量和决策权。那就给你制造了许多挑战、挫折和失败,而且会在你玩"商业游戏"时,巧妙地加强了第一阶段游戏的互动关系。

然而,到了第二阶段,为了再次说清楚这一点,其他人(也就是你"意识"的其他面向),不再有必要加强第一阶段游戏的互动关系了,所以你会给他们写新剧本,重新创造他们,让他们去说和做新的事情,这些新的事情能巧妙地支持你获得拨开云层的能力,得以扩展自我,而且最终能使你纯粹为了游戏的快乐而去不受任何限制和束缚地玩"新商业游戏"。

"人性游戏"和"商业游戏",按其定义来说,都是团队运动。每一个看似外在于你的人,都在你的团队里。因此在下面的例子中,当我使用"团队"这个词的时候,这个词就包括了对你的生意施加影响的、你自己的所有其他面向——员工、合作伙伴、董事会成员、股东、顾客、潜在客户、销售商、投资者，等等。

说说员工吧，当你可以玩第二阶段的任何游戏时，如果该游戏对你有趣或有益的话，那么你将不必动脑筋设计或调整系统，来激励员工，保持他们的责任心，使他们对你忠诚并一直留在你的团队里工作，向他们保守秘密（出于担心外人知悉），防止他们偷你的东西，改正他们的习惯或行为，或提高他们的生产率。为什么呢？因为你的"大我"将会写出新故事，里面有新的人物，他们会说新话、做新事，所有这一切都是设计来帮助你在想玩游戏时玩游戏，而不必考虑任何第一阶段的限制性因素。

再说说顾客（潜在客户）吧，你可以创造和玩任何你想玩的游戏。你/或你的销售人员将不需要运用技巧去说服或使他们相信，从而来购买你的产品或服务。你和你的团队可以说和做你/他们想要说和做的任何事情，而且你将重新创造你的顾客和潜在客户，让他们来扮演你想让他们扮演的角色，包括购买随便什么数量你想让他们购买的产品或服务——以任何你想让他们"支付"的价格（也就是，表达赞赏和感谢）。你觉得这令你兴奋吗？也许是。但无论如何，这千真万确。

除非这样的创造对你和你的其他面向来说有意思，否则，你就没有必要去做市场测验、目标群体锁定、民意调查或调查研究，来搞清你的顾客和潜在客户需要什么样的产品和服务，他们最想要的是什么样的特色，或如何定价以便实现利润的最大化。你仅仅生活在响应模式里，而且创造你的团队，让他们也去这样做——到任何你的剧本所确定的程度。你将会提供你想要提供的产品和服务，包含你想要包含的特色，以任何你想要设定的价格（也就是说，对于表达赞赏和感谢的请求）——而且你将创造它们并使你自己的其他面向出现在你的全息图里，购买它们，而且和以你想要他们采取的方式与你的生意进行互动——不管你最后选择做什么。这相当令人兴奋，是不是呢？等待下去。直到你实实在在地体验到了！

这么来想吧。作为演员，克里斯蒂安有能力扮演包含许许多多台词和动作的许许多多角色。在电影《黑暗骑士》当中的布鲁斯·韦恩和蝙蝠侠的角色中，他在一定方面受着限制，而且说和做蝙蝠侠剧本当中的事情，而且支持那个故事所要达到的目标。现在想象克里斯蒂安是你自己在第一阶段"商业游戏"团队里的成员，而且把这视为他扮演蝙蝠侠这个角色的一个类比。然而，当扮演蝙蝠侠的拍摄结束以后，克里斯蒂安就不再受限于那个人物形象、剧本或角色，而是可以自由扮演任何其他角色，遵照任何其他脚本，说和做任何其他事情来支持新故事情节的展开。现在想想克里斯蒂安的新自由，拿他和在你的"新商业游戏"第二阶段团队里扮演的新角色作一个类比。

到了第二阶段，你就有了不计其数的方式来体验你的团队的幻象。你也许会不改变团队成员，却会为他们另写剧本。你也许会创造自己的新的面向，并在你的团队中扮演关键角色。这不要紧。你的"大我"会写出任何他/她支持你玩"新商业游戏"的故事来。

比如说，如果你已经有顾客，该顾客很难对付，那么你也许会完全改写他们的剧本，而他们也会突然改变，常常没有任何符合逻辑、符合因果的理由。或者，你也许会选择仅仅"开除"它们作为客户的资格，而与此同时享有自由，这种自由来自明确知道你无限丰富的本然状态，而不是被你在第一阶段对限制和缺乏的确信所局限。当你继续玩第二阶段的游戏，而且继续拓展和改变时，你的团队也将继续拓展和改变——作为你自己和你的"意识"的反映。

这真的是一次很不寻常的体验和感受！

我现在想跟你分享重新创造你的团队的另外一个方面。在第一阶段，如果你的"意识"的另一个面向所说、所做的事情不是你愿意的，你就要与他们互动、产生冲突、试图通过各种手段去改变他们的行为。简言之，你要从全息图里努力掌控他们，掌控故事情节，还有全息图。这个办法有时候似乎管用，有时候并不管用。

到了第二阶段，虽然那个办法仍然可用，而且也许还可以时不时地被利用，作为你旅程的最好支持，但它已不再是必需的了,而且将会随着你不断洋溢而使用得越来越少。到了第二阶段,如果你的"意识"的其他面向所说、所做的事情不是你愿意的,那么他们被那样创造正是为了支持你做第二阶段的工作。如果你不喜欢它,那么你就是在"评判"它,而且你会感到不舒心,所以你就有机会使用"流程"工具了。一旦你已经那样做了,而且在那些时候按照你的"大我"想要你钻探云层的方式那样钻探的话,那么你的"大我"将会改变剧本,而且他们的行为也将改变——不需要你就那个问题和他们直接互动或冲突。我已经整理了一个音频资料,可以给你提供关于这个现象的更多细节。你可以下载这个音频,在这个网址:www.bustingloose.com/engage.html。

这个体验很重要、很有力,而且很难从知识上理解,除非你通过拨开足够多的云层拓展到足够深的程度,真正亲身体验到这个感受。这是彻底摆脱的一个关键所在。一旦分离的幻象消散,伙计,一切的可能性,以及玩"新商业游戏"的机会,将会是无比的酷炫!

• 让令人惊异的事情以欢乐的、有趣的、令人惊喜的、毫不费力的方式发生在你的身上,而不是你必须去获得那些事情,努力去做,或推动、推动、推动事情的发生。

我在前面说过,在第二阶段没有规则或公式。所有事物都是由你定制的,专为你定制的,来支持你玩"人性游戏",而且最终按你喜欢的方式玩"新商业游戏"。

按照我所选择来玩"新商业游戏"的方式，我是生活在响应模式里，等待事情发生在我身上，而且当事情发生时，按照我感受到的方式做出反应。那对我而言真的很有趣，尤其是当我在第一阶段里处于高度"积极主动"的状态时，而且由于这个原因而极度疲惫和沮丧。如果我感到有动力去往某地、做某事，或通过采取行动，使一个新的可能性运转起来，那么我就做了（没有规则和公式），但是一般情况下，我着手自己的生意，做我想做的事，而且等待"新商业游戏"的机会来到我身边，允许我自己改变想法，并随时改变做事的速度，正如我在前面所说的。

以那种方式生活，甚至当我确实选择对一个机会做出反应，而且扮演展开的故事中我的角色，那么这样的生活，就会从一个有趣的、欢乐的、轻松的地方来，就用那个语言来说吧。这里没有推力，没有对结果的投入，没有预定目标，而且也没有取得具体效果的努力——有的只是从一刻到另一刻的流动，生活在响应模式中，并且玩游戏！

所有这一切，还有更多的，对你也是可能的，而且将会发生在你身上，一旦你拨开足够多的云层。我在本书《导言》部分说过，我身上没有什么与众不同或独特之处。我只是在第二阶段玩"人性游戏"和"新商业游戏"时间更长而已！

让我们继续我们关于重新设计你的生意、你的团队以及你自己的讨论吧。我们的方式是作一个对于金钱的深度分析。

一旦你穿越了"彻底解脱点",你就不再需要检查和过分注意你的银行存款和财务报表了,尽管你可以那么做,如果你觉得有趣的话。如果你继续去看那些数字(我是这么做的),那么你将会在知道他们的"真相"的情况下,以娱乐和赞赏与感谢的眼光去看那些数字。你不再需要去跟踪或衡量明显的资金流。成本不关宏旨了,账单不再重要了,为什么呢?因为你绝对确信真正发生的是什么,而且绝对确信可供你使用的财富来源是无限的,以及可能支持你玩"新商业游戏"的故事数量也是无限的。

重点:

在穿越"彻底解脱点"之后,你只要表达对于你选择去体验的所有创造(以现金、支票、信用卡或其他支付方式的虚幻形式表现)的赞赏和感谢,并对你的无限丰盛是真实的和金钱问题会自行解决——无论方式如何——有绝对的把握。

当你拓展到了那个境界,即你能直接体验你的无限丰盛——而不是在那之前,金钱问题确实会自行解决,无论方式如何。你不受任何跟金钱有关的限制和束缚。然而,你无法让旅程快速推进到那个体验,或使之由于知识、意志力、自律、欲望或意图而发生。你只能运用钻探工具来拓展到那个境界,即事情对你而言变得真实,作为直接的体验、直接的认识。

在第一阶段，你相信如果你想要购买某物或做某事的话，你就得有钱，然后你才能购买那件物品或做那件事。在第一阶段，如果你有钱，那太好了。如果你没钱，你就得攒钱；或等到你有足够的钱再去买你想买的东西，或做你想做的事情；或借钱，然后还本付息。在你穿越"彻底解脱点"之后，那个互动关系就自行逆转了。你首先感受到触动或启发，要对某个创造物表达赞赏和感谢，然后你若表达赞赏和感谢（是你的"大我"在提供细节），那么金钱问题确实会自行解决——无论方式如何。我一直说"无论方式如何"是因为，你知道，在你穿越"彻底解脱点"之后，并没有固定不变的方式促使这样的事情发生。为什么呢？因为无限就是无限，而且没有限制就是没有限制。我将在本章后面的部分，给你再举几个例子，来说明情况到底是怎样的，但是它们只是例子，不是规则，不是公式，也不是限制。

重点：

在穿越"彻底解脱点"之后，金钱将仍然显得好像来自全息图（尽管不必这样），但是你将会知道金钱并不来自全息图。你将会知道金钱来自你、你的"意识""能量场"中的一个模式，还有你的力量。金钱如何显现故事情节，就是你如何选择，去表达你的无限丰盛，以便获得最大化的享受和乐趣。

那么,以金钱的形式表达赞赏和感谢就会变得像呼吸一样自然。你并不担心你的下一次呼吸将来自哪里,是不是呢?你并不测量或跟踪你现在你能吸进多少空气,或者是将来你能吸进多少空气。你并不努力去得到更多的空气或保护你已有的空气。你只是呼吸,什么也不去想,而且你完全相信,那里总有空气供你呼吸。在你自然状态下的无限丰盛里生活,道理也是这样。你只是呼吸你的丰盛,如同呼进呼出空气一般。

这里还有一个方式来看待你进入无限丰盛以后的状况和感觉——在你穿越"彻底解脱点"后。我称之为"宇宙透支保护"。在银行学上,有一个第一阶段的创造叫作"透支保护"。你的活期存款账户是和一个信用卡或别的账户联系在一起的。如果你开出一张支票,而在你的活期存款账户里没有足够的钱来支付,那么专门的基金会自动从你的信用卡或另外的账户上转移支付,而你的支票就是有效的支付凭证了。

想象一下你的生活会是什么样子,而且会发生什么样的变化,如果你的透支保护所关联的另一个账户就是你无限丰盛的自然状态,里面有着源源不断的金钱供应。想象你的生活会是什么样子,而且会发生什么样的变化,如果你对你的"宇宙透支保护"有绝对的信心,而且你只是去做带给你欢乐的事情,完全沉浸在创造的狂喜当中,做你想做的事,赞赏和感谢你的创造,开出支票,作为赞赏和感谢的表达。而且你也知道所有那些支票会变成有效的支付凭证。这虽是一个比喻，但其中也有真实的方面。

重点：
在比喻意义上，你穿越"彻底解脱点"的那一刻，就有资格享有"宇宙透支保护"了。

当我和现场听众分享这一概念时，他们常常带着茫然的神色，不相信，甚至会愤怒，或控诉我鼓动人们"在用钱上不负责任"，而且专门"开会被退回的空头支票"。这样的评论、思想以及感情，来自我称为"第一阶段残余"的东西。从那个角度看，他们似乎很有道理，说得也很准确。然而，当你穿越"彻底解脱点"，你就处于一个极为不同的地方，在那里，以前的规则不再适用。在这个意义上，没有所谓空头支票、基金不足等这样的情况。我知道，这个思想现在你还很难接受，但毕竟它是"真实的"。

最早接近"彻底解脱点"时，我看到了"彻底解脱点"以外的东西，而且知道——从知识上——我刚刚分享的都是"绝对的真理"，我仍然不能够生活在这"绝对的真理"之中。盲目表达赞赏和感谢，不检查账户余额就开支票，单纯相信金钱问题会自行解决，这些思想都使我感到恐惧，每次当我真要那么去做的时候。

到那个阶段，不管我已经穿越了多少云层，获得了多少力量，得到了多大程度的拓展，我仍然保有第一阶段"能量场"中的模式里的力量，这个力量使我担心，会有空头支票通知从银行送来，会有愤怒的电话从销售商那里打来，会有我的信用率差到见鬼的情况发生，等等——而且那些担心阻碍了我穿越"彻底解脱点"。换句话说，我当时像是处在真空地带。

然后有一天，我在那些担心上广泛使用"流程"工具之后，我得到了一个启示，其中，"大我"对我说："如果你懂得'呼吸'你的丰盛，却并不真的开始呼吸，反而说，'我无限的丰盛真的不在那里'，或'它也许真的不在那里'——而且你继续施加力量到你的财务上受限制的模式里去。在某个时间点，你必须对于'什么是真实的、什么不是真实的'做出决定，在沙滩上画一条线，跨过去，而且再也不要走回来。你无法处在真空地带的同时，又完全对你的无限丰盛敞开。"

我知道那些话是真实的，而且我也极想彻底解脱，但那些话还是让人觉得不安全，就像从悬崖上往下跳而底下并没有张开的网。我继续使用"流程"工具到我担心的事情上，直到有一天，我醒来，说："我今天要从悬崖上跳下去。我只得相信'大我'能在我'坠地'的时候很好地接住我。"那一天，我开始表现得好像我的无限丰盛是真实的，好像我真的有"宇宙透支保护",好像每次我放一美元到老虎机里去,我会得到三美元的回报一样。我不再关注数字,我不再进入我的网上银行资源,我不再研究我的财务报表。当然了,这一切只是"大我"所写的剧本的一部分,是"能量场"中的模式的细节。

当我在故事情节里做出那个决定后,我就创造了无数的机会,以金钱的形式表达赞赏和感谢。有时我在一种高兴的、拓展了的状态下表达赞赏和感谢。另外的时候(起初很多,但以后越来越少),看到账单或开出一张支票,我仍然有着不同程度的担心,所以我就使用"流程"工具。通过整个流程,我一直在"呼吸"着。我一直表现得像是真理就是真理,而且我的无限丰盛是真实的。那是我在随后六个月的时间里做的,直到我最终穿越"彻底解脱点",而且再也不缺乏金钱的"空气"了!

注意,我刚刚描述的和那句流行短语"假装,直到成功"不是一回事。那个概念是第一阶段的创造,并不适用于第二阶段。事实上,在第一阶段它也从未起过作用,尽管许多人凭着它起誓。我之所以能够有我刚所描述的过渡,是因为我拨开了这么多云层,获得了这么多力量,得到了这么大程度的拓展。更为重要的是,我在努力跨入第二阶段的时候得到了"大我"的完全支持。

一旦你穿越"彻底解脱点",你无限丰盛的自然状态就会自我表达,无论你选择如何表达它。正如我在前面几章里提到的,无限意味着无限。它的意思是没有任何形式的限制。在全息图上,金钱就能以任何数量在任何时间流动,其方式符合故事情节展开的方式和原因。

你可以把我的生活体验当作例子,因为我已经创造了拥有提供产品和服务的公司的幻象,我可以有意地表达我的无限丰盛,通过创造我自己的其他面向,来扮演给那些产品和服务以任何我选择的数量表达赞赏和感谢的顾客的角色。我也可以选择以金钱的形式向我自己表达赞赏和感谢,通过变卖我的一个公司,并创造收到一张大额支票的幻象。

你所体验的一切都是你的"意识"的创造,是你的"意识"根据你嵌入"能量场"中的模式创造出来的,而且你的"大我"可以嵌入任何模式到"能量场"中。这些创造不必有意义或合乎逻辑(这些只是第一阶段的创造)。一旦你过了"彻底解脱点",你就可以创造任何你为了纯粹游戏的快乐而玩游戏的事情。

重点:

无限就是无限。一旦你穿越"彻底解脱点",就没有任何限制了。这只是关乎你想如何玩"人性游戏"和"新商业游戏",以及对你来说什么是乐趣的问题。

所以，一旦你穿越"彻底解脱点"，那是不是意味着你为了获得财产目录、广告宣传、市场运作、薪水等，而不假思索地以金钱形式表达赞赏和感谢呢？你的"大我"当然会创造那个幻象，或他/她会创造能给你提供更多支持的另外一个幻象/故事。在第二阶段没有评判——没有对与错、该与不该、好与坏、更好与更差的分别。你真的可以创造出任何你想要的东西。

重点：

你每次使用"流程"工具后，就能拓展自己、改变自己，并实际上变成另外一个想要不同事物的人。那是在第二阶段生活在每一个当下的另外一个原因。为什么要为将来做计划，即使是提前几天时间，当你并不知道你会变成什么样的人时，或不知道到达那里时（也就是当你创造了它时）你想要的是什么呢？

我以上举的例子大都包含了好像从你的全息图里仍然以看得见、数得着的方式移动的金钱的幻象。如果你创造了这样的幻象，那你就会仍然玩"商业游戏"，而且仍然关注积累金钱。

然而，一旦你穿越"彻底解脱点"，那就不是你的关注所在了。比如说，在写这本书时，我仍然拥有几家企业，而且金钱仍然似乎是从那些企业而来。然而，我并不在乎金钱的数字以及那些数字会变得多大。这不再是有关产品、服务、顾客、销售额、利润、收入、薪水等的事情了，而是关乎我以及我的兴趣和享受的事情了。我只是在创造的狂喜中玩着"商业游戏"，向我自己表达了极大的赞赏和感谢，也向我真正想要体验的创造表达了极大的赞赏和感谢——而且，其他问题由于第二阶段的互动关系自行解决了。它们就是那样发生了！

重点：
你在第二阶段做什么并不重要。你如何做、为什么做，以及你总体上能体验到的快乐水平，这些才是重要的。

第二阶段的终极目标，是不受任何限制和束缚地玩"人性游戏"和"新商业游戏"。那真的意味着没有限制和束缚。你可以创造并玩任何游戏，不管从某种角度看它有多像第一阶段的情况。

我刚看过一部文献纪录片，说的是世界范围的珊瑚礁处于怎样的危险之中，而且在未来20年或30年可能会消失，如果我们不采取措施扭转这个衰落趋势的话。你可以玩拯救珊瑚礁、阻止地球变暖、使世界再循环或制造电动汽车的游戏。

你可以创造这样一个幻象，即你成为一名演员、音乐家、职业运动员以及资产达数百万或数十亿美元的公司的首席执行官,或脱口秀节目的主持人——仅仅为了这样做能获得快乐,即使你现在并不具有那个技能,没有那方面的成就,没有社会关系,或任何别的你觉得需要去做的事情。

在第二阶段,你可以在游乐场里玩任何游戏,如果它能使你感到快乐的话,或创造全新的游戏去玩,这个游戏以前没有人想起过(这就是我认为许多游戏玩家在深入第二阶段时会做的)。然而,要记住,当你有意地来到这里玩"人性游戏"和"商业游戏"时,你心里有着一定的骑乘和趣味项目,你也将因此选择去限制你只玩真正使你感兴趣的趣味项目。

重点:

在第二阶段,你可以玩任何你想玩的游戏,即使那个游戏好像是第一阶段的。只不过是你玩的方式不同了。你可以创造全新的游戏去玩,这个游戏以前没有人想到过。

当你拨开越来越多的云层,而且随后当你玩"新商业游戏"时,你也许会改变你的公司或职业,售出你的公司,购进另一家公司,创办自己的企业——而且情况可能会有很大的改观!

最初创造把这些概念推向大众的幻象时,我创造了两个女人,她们购买了我的一个"家庭转变系统"。这两个女人都是整体疗法或你可能称之为药物替代疗法的执业医师。在看完这个系统之后,她俩都给我发电子邮件,极为吃惊地表达了这样的想法:"我整个的事业都是围绕着真实的身体、真实的疾病以及我能真正治疗人们的技能展开的。如果什么都像你所说的不是真实的,那么我该做什么呢?是放弃吗?"

我回复她们说:"在第二阶段你可以做任何你想做的事。如果你真的喜欢玩'治疗游戏',你当然可以继续去玩。你可以创造出带着各种疾病前来就医的人,你将继续创造各种治疗技巧来帮助他们——这一切都支持你以最大化的乐趣和享受玩'治疗游戏'。然而,如果你是出于义务那样做,因为有人推你进入其中,去商业,或为了别的原因,那么这就不是乐趣了,对你来说,甚至可能会使你厌烦,要么现在,要么在你得到拓展以后的将来某个时候,你也有机会做出另外的选择。"

其中一个女人发现,她真的喜欢那个"治疗游戏",而且也继续玩下去了。另一个女人最终放弃了,而且随着她深入第二阶段的游戏,她走到了一个不一样的创造方向中去了。

我有几个朋友,他们喜欢倒卖股票和其他商品。我认识别的一些喜欢买卖地产的人。我也认识别的一些喜欢教人如何买卖股票、商品以及地产的人。从一个角度看这些活动的话,它们完全是第一阶段"商业游戏"的活动。然而,如果你在穿越"彻底解脱点"之后从事这些活动的话，那么这些活动就会变成完全不同的游戏，而且是以完全不同的方式玩的。比如说，如果你决定在穿越"彻底解脱点"之后，玩倒卖股票和其他商品的游戏的话，你会以一种你觉得有趣的方式创造出一个市场上起起落落的幻象：买进、卖出、盈利、赔本。这都将关乎你的乐趣。你可能创造什么并体验什么，这方面将不会受什么限制和束缚了。

如果在彻底摆脱"商业游戏"后，你选择去玩"商业游戏"的话，那么你将会创造出土地、房屋、买方、卖方以及财产转移的幻象。这些幻象将以你觉得有乐趣的方式进入你的视野，只为了获得纯粹玩那个游戏的快乐——而且你也许会以别人以前没有做过或想到过的方式去做。至于你做什么以及如何做，是不受任何限制和束缚的。

如果你选择教别人去玩"通过倒卖股票、商品以及地产商业"的游戏方法的话，那么你会创造出一些人（你要多少就有多少），来进入你的影响范围，参加你的研讨会，聘用你去演讲，或买你的书、音像资料、教材，还有购买你的咨询和辅导类服务——而且你也许会以别人以前没有做过或想到过的方式去做。至于你能做些什么，是不受任何限制和束缚的。

跟玩所有那些游戏（销售、花销、收入、利润、资产价值、净值等）相联系的数字将会变得无关紧要，除非你能够从第二阶段的视角追踪它们,并在看到它们的时候感到乐趣。

只要你继续玩"人性游戏",你就要选择游乐场里那些骑乘和趣味项目去玩,或创造出全新的项目。因此,只要你继续玩"人性游戏"和"新商业游戏",你就将仍在创造那些来自"能量场"中的模式的幻象并与之玩游戏。你仍将允许事情随着时间的幻象而展开,而不是弹指间就让事情发生。为什么呢?因为只有完全按照这样的方式,创造那些事物进入你的全息图中,你的体验才会是令人兴奋的。

重点:

在第二阶段,任何事情都与他人无关了。所有事情都只与你、你的乐趣、你的欢乐、你的拓展有关,而且任何他人过来玩骑乘游戏,都是为支持你玩自己的游戏。

当你开始玩"新商业游戏",创造新的幻象与玩游戏的故事时,如果你的旅程像我的一样(也会不一样),你的创造也许会给你自己带来惊喜。我给你举个例子。在本书《导言》部分,我讨论了自己在"蓝海"软件公司的体验和感受,我帮助建立了那个公司,最后又以1.77亿美元的价格把它售出。当我进入"蓝海"公司工作的时候,我成为该公司的第五名员工,而该公司在我加入的前一年,就已经创造出了120万美元的销售额。而当出售公司的时候，我们有 77 名员工，而且销售额在 4400 万美元以上。

在第一阶段，"蓝海"软件公司员工很少、销售额也很低的时候，我反而有着很多的乐趣。随着公司的成长壮大，我们增加了更多的人员，之后成立了董事会，然后当我们开始向上市的目标迈进时，我们又和一家风险资本公司建立了联盟关系，这时候，所有的事情变得复杂得多了，相互冲突也浮出水面了，个性冲突也多了，此时的情况对我而言，实在没有多少乐趣可言。

一般而言，当我们玩第一阶段的"商业游戏"时（尽管也会有例外），大的就是好的，钱越多就越好，销售额、利润越多就越好，等等。然而，当你不再受限制、不再缺乏，而且开始玩"新商业游戏"时，许多事情就会发生变化。还用上面所举的例子，通过有意使你的生意维持在一定水平，而不使之增长，你也许会给自己带来惊喜。你也可以使之成长，并写下一个故事，使这个成长对你而言完全是令人高兴的。没有任何限制和束缚。一切都取决于你。

重点：

迎接你的无限丰盛的状态，意味着放弃有关你将如何接受你的无限丰盛的状态，以及你必须如何行动去接受这个状态的思想和担心。

在我玩第一阶段的游戏的时候，我完完全全使自己沉浸在叫作"邮购业务"和"直接响应式营销"的创造当中了。我用了18年时间玩那些游戏，而且成了大师级的玩家。根据我所看到的，在我自己第二阶段体验中展开的故事中，我不再会看见自己在很长一段时期里做任何一件事了。我在第二阶段的体验展开的方式，更像冲浪。我创造了特别的波浪，波浪以看似有趣的方式冲过来，所以我踩上我的冲浪板，开始冲浪，直到我想离开。然后等浪潮又一次涌过来，我就激动地踩上我的冲浪板，乘着波浪直到我尽兴为止，然后我又一次离开——就这样，在我继续拓展的时候，持续不断地创造新的浪潮去冲浪。

我刚描述的所有事情也许听起来让你兴奋，但是不是似乎很难相信，就像天上掉馅饼一样？如果那样的思想进入你的头脑，那么你那样想是非常容易让人理解的，考虑到第一阶段限制着你的信念，在那些信念中你仍然有着巨大的力量。然而我向你保证，这绝对是真实的，而且如果你跃入第二阶段，并按我建议的方式使用钻探工具，你就会达到目的。我曾说过，如果你仍然怀疑但却做出了承诺，那么你的"大我"将给你"这一切都是真实的"的证据，通过你所创造的并进入你的全息图中的体验和感受。我可以绝对保证这一点。

我们用少许时间,通过回到科学,来为我刚分享过的事情提供证据。前面解释过,一旦你穿越"彻底解脱点",你就不再需要注意数字,或去计算、测量或追踪你生活中金钱的流动(除非你从第二阶段的视角,为了乐趣的目的有意那样做)。我们再从量子物理学的角度来看这个概念。你知道,科学把"能量场"看成是不受限制的力量和无限潜力的来源。当"意识"聚焦于"能量场"时,就有一个具体的创造——一个单纯的可能性——因之瓦解了,这是由"意识"的意图所决定的。

"真正的你"是纯粹的"意识"。"真正的你"是无限的力量和无限的丰盛,正如对"能量场"所下的定义。在你的全息图中,你在全息图中看到、体验到任何事情,全部来源于你嵌入"能量场"中一个模式。因此,在你的全息图中,如果你决定想要看看你的银行活期账户的收支情况,以及另一个账户的收支情况,或者貌似重要的其他数字,那一定会发生什么呢?你的"大我"必须用跟那个账户和你的"大我"想要看到的数字有关的具体细节,创造一个"能量场"中的模式。然后必须施加力量到那个模式上去,而且那些细节必须出现在你的全息图中,以便你有东西可看。要不然的话,那里就什么也没有!一旦你的"大我"那样做了,回到量子物理学,那么无限的潜力必须瓦解成有限的、受限制的创造,对不对?而且无论你看到什么,一定会少于"真正的你",而且少于你无限丰盛的自然状态的真实面目。

这里请你跟紧我,因为当你明白这个概念的重要性时,将会大吃一惊。在你穿越"彻底解脱点"后,如果你根本不想看或关注账户、报表或数字,那么会发生什么呢?如果你不想看,那就没必要使一个事情从无限瓦解成有限,对不对?就没必要用受限制的数字或想象的账目明细,在"能量场"中创造一个模式,并使之出现在你的全息图里,让你看到,有必要吗?那时你只是纯粹的"意识",只是一个"无限存有",用无限的潜力,以创造的狂喜玩着游戏,对不对?

你只是在以金钱的形式,对那些你生活在高度拓展状态下时有意去体验的创造,表达赞赏和感谢。那就是为什么在第二阶段,如果你不想的话,你不必去注意数字,而且也是为什么你能向你的创造表达赞赏和感谢,绝对相信并对"金钱问题会自行解决"有绝对的信心———旦你拨开足够多的云层!

在继续读下去之前,也许你想重读一下前面几段。这就是在穿越"彻底解脱点"后,你真正可以努力的方向!

现在,你可能会这样对自己说:"那好,干吗不一直看着那些数字,创造一个'能量场'中的模式,让我想象中的账户里出现'受限的'1000万或10亿美元?这对我来说挺好的。"在穿越"彻底解脱点"后,如果你想要的话,你当然可以创造那个想象中的账户,但是,如果你对于你的"宇宙透支保护"有完全的信心的话,为什么你还想那样去做呢?我来跟你分享一个例子,来说明我刚说的话的重要性。

假设,采取对你来说真正有趣的方式(因为那才是这个阶段的游戏的意义所在),给你的企业提供运营资金,那么这就要求你的企业有着虚构的销售额和利润值 X 美元。为什么需要那些数字变得更大呢?如果你是一名员工,你有意要在第二阶段继续这个体验,而且在工作中非常开心,享有你喜欢的生活方式,假设这将要求你获得——以任何形式,每年 Y 美元。为什么你会需要更多呢?

那"再多些,再多些,再多些,再大些,再大些,再大些"的互动关系是第一阶段的游戏的支柱,而且也是使你总是处于第一阶段互动关系的一个巧妙创造。但到了第二阶段,当游戏的主要关注点转向游戏并从中获得乐趣,而且你清楚地看到了"真相",而不是幻象和谎言时,所有那一切就会改变。

当你进入直接体验"真相"的状态时,你就不再关心所谓的销售额、利润、花销、现金流、股票价格或购买权、信用种类、你在暂时留存的现金上得到的利率,或投资组合的价值了。如果你能得到源源不断的金钱供应,无论多少,在任何时候,在任何故事情节里,为什么上述任何一种情况对你是重要的呢?这不是一件你能从知识上弄明白的事情,它远远超越了知识。可以这么说,你不能依靠思考就进入这种

"意识"状态。你只能自我拓展,直到你能直接体验这个状态的境界,这你能做到,如果你玩第二阶段游戏的话。

就我而言,在我的个人生活和我的生意中,我做我乐意做的事。我以金钱的形式向所有我感到需要赞赏和感谢的事情表达赞赏和感谢。我那样做,不是因为在我虚构的账户里,我已经积累起了那么多虚构的钱,而使我感到我有足够钱去那么做。我那样做,是因为我已拓展到这样的境界了:我对于"真我",我的钱到底从哪里来,以及对我的能力有绝对的把握,我只需要进入"能量场",给其中模式的细节赋予能量,就能在瞬间创造出我需要的一切。

但是,如果你把我经营生意和维持生活需要花的钱的数量总计起来,那么那个数目不会像你预期的那么大。如果我需用的钱数发生变化,而且我有意去玩其他需要以金钱的形式表达更多赞赏和感谢的游戏,那么我将按照可能对我来说有趣的故事情节,创造出那么大数量的金钱,看起来流过我的全息图。这将会成为你的现实!

重点:

有限就是有限,不管数目有多大,然而,无限就是无限。"真正的你"是无限的,而且在穿越"彻底解脱点"后你将会达到的境界,也是无限的。

在结束本章之前,我想和你分享最后一块至关重要的游戏拼图。在第一阶段,我们视金钱上的丰盛为身外之物,视其为全息图上观察得到的故事情节的细节。那可以观察得到的细节可能是一大笔银行存款、一大笔净值、一所漂亮的大房子、一辆昂贵的小汽车、许多东西和玩具、自由,等等。但那不是无限丰盛的真正含义。

无限丰盛是一种感受!

当你拨开足够多的云层,进入对你的无限丰盛的直接体验当中时,那个体验将会处于感受的水平。在某种意义上,我无法用文字把这个意思传达出来,你将会感受到"真相",因为"真相"跟丰盛有关。一旦你拓展到那个境界,即你能一直体验那种感觉,作为你的本然状态,"能量场"中的模式将被你的"大我"改写,而且你将会注意到故事情节的细节在改变。但是,故事情节的细节并不是"真相"或你的丰盛的证据。感受才是!

重点:

无限丰盛是一种感受,不是全息图上能看到的故事情节的细节。

一旦你穿越"彻底解脱点",它将会向你呈现其本来的面目。当你越来越多地直接体验"真正的你"时,你将会体验你所感受的一切。我曾解释过，关于第二阶段的游戏的情境和展开方式，是没有规则和公式可循的。这是游戏真正让人激动的部分。我不知道这个情境对你会是什么样，不过这也不重要。我曾解释过，在你穿越"彻底解脱点"之后，游戏就变成了想玩什么就玩什么，想怎样玩就怎样玩。

你也要记住，在你穿越"彻底解脱点"之后，不管生活和生意让你如何兴奋，但这种兴奋和实际体验的情形比起来时，就相形见绌了。我无法用文字表述（尽管我已尽力）出在我"呼吸"我的丰盛并玩"新商业游戏"时，我所体验到的乐趣、快乐、欣喜、宁静、放松感以及自由感。我在本书《导言》部分解释过，彻底摆脱"商业游戏"这件事，不是用文字可以描述的，你必须亲身去体验。

你现在明白为什么在到达这一章之前我必须给你提供我所制作的所有游戏"拼图"了吗？如果我没有那么做的话，你就永远也不会相信并理解"彻底解脱点"的神奇之处。尽管在前面十几章里我已给你打下了基础，你却仍然会有一些对你该如何得到拓展的怀疑。如果在前面的章节里，在不同阶段，你对我感到不耐烦，并希望我赶快到达解说"彻底解脱点"的地方，也许现在你会对于为什么这本书要这样来撰写和铺陈，感到一些赞赏与感谢。

好了，我的朋友，现在，我们的旅程已经接近终点了。你已经得到了这本书在撰写之初就预备给你提供的几乎所有游戏"拼图",那宏阔的图景已经全然展现在你的面前了,而且你可以清楚地看到。现在,有一个决定需要做出。当你准备好了要看看那个决定是什么时,就请翻过页,继续读最后一章,也就是第十六章。

---

① 戴维·林奇,《抓住那条大鱼:冥想、意识和创造力》,美国纽约:塔彻出版社,2006年版,第74页。
② J.保罗·盖蒂,《如何致富》,美国纽约:乔伍图书出版社,1965年版,第vii页。

第十六章 红药丸还是蓝药丸?

> 世界是圆形的,看似尽头的地方,也许只是一个起点。①
> ——公共事务官员 艾维·贝克·普里斯特

> 除了那些敢于相信内心的某种东西高过环境的人,没有人取得过什么辉煌成就。②
> ——广告执行官、宗教作家、广告文字撰稿员、
> 美国国会议员 布鲁斯·巴顿

受人欢迎的电影《黑客帝国》,里面包括了一些特有帮助、特真实的材料,这些材料直接适用于第二阶段的旅程和游戏。如果你还没看过的话,我强烈建议,一读完这本书,你就出去租一张那部三部曲电影的第一部的拷贝来看。你必须过滤掉在故事情节(尤其是好与坏的比拼)中凸显出来的一些第一阶段的动态关系,那么剩下的就是第二阶段的纯金了。

电影《黑客帝国》主人公尼奥的旅程,和第二阶段游戏玩家的体验和感受,有着很相似的轨迹。电影开始的时候,尼奥在他认为真实的世界里,在限制和束缚之中忙于自己的

事业。然后出来了另一个名叫莫菲斯的角色，他告诉尼奥说他所认为是真实的世界实际是一个幻象。起初，尼奥并不相信莫菲斯的话，他无法相信莫菲斯的话，是因为莫菲斯跟他分享的真相，对他自己当时已经建立的信念体系来说无法相容。

莫菲斯接着告诉尼奥说他是"救世主"，意思是说尼奥有着比他自己所能想象的更多的力量，而且肩负着远大的使命。这一点尼奥也不能接受。但是莫菲斯接着就引导尼奥踏上一次发现之旅，通过这次旅行，尼奥最终进入了对于真实自我、他所拥有的力量以及他在幻象之中能够做些什么这些问题的直接体验当中。

在那部电影开始不久的一个场景中，当尼奥已被莫菲斯拉去找寻"真相"时，莫菲斯给了尼奥红药丸或蓝药丸的选择权。"如果你服下蓝药丸，"莫菲斯说，"那么故事就结束了，你在床上醒来，相信你想要相信的任何事物。如果你服下红药丸，那么你就仍然处在'幻境'中，我将给你看兔子打的洞有多深。"尼奥犹豫了一会儿，然后把身子前倾，来吃红药丸。莫菲斯停了下来，然后说："记住，我现在给你的，就是'真相'，不是别的。"然后尼奥就吞下红药丸，开始了他的不断洋溢之旅。

就像尼奥找到了莫菲斯一样，你也找到了我和这本书，因为你有了解"真相"的愿望。像莫菲斯一样，我也通过

"彻底解脱模型",尽可能给你提供接近"真相"的东西。像莫菲斯一样,我也已经带你踏上一次发现之旅,我已经给你看了兔子打的洞有多深——就是说,你如何也可以进入对于"真正的你"、对你所拥有的力量以及你在幻象之中能够做些什么这些问题的直接体验当中。也许像尼奥在游戏旅程刚开始的时候一样,你还没有准备好完全接受我跟你分享的真相。或也许是,你一直紧紧跟随着我,急于开始你自己的第二阶段的旅程。或也许是,你的情况介于这两者之间。

现在情况看来是,你会觉得作为游戏玩家,你也有一个需要做出的选择:要么是服下蓝药丸,意味着你仍停留在第一阶段;要么服下红药丸,意味着你将跨入第二阶段。然而,"真相"是你的"大我"已经选择了你将服下那个药丸(也许他/她已经给你了),而且你的"大我"为你制订了一个计划,不管你最终服下的是哪个药丸,也不管你什么时候服药丸。当那个计划得以实施的时候,你就将被带入对于"真正的你"的体验当中去。

你最终会服下红药丸还是蓝药丸呢?还是现在先服下蓝药丸,计划以后再服红药丸?只有时间会告诉你答案。但我能告诉你的是,"彻底解脱模型"并不是休闲的读物、浅尝辄止的材料,也不是你偶然遇见的一件东西。你也许不会创造出我,还有这本书,并使之出现在你的全息图上,除非下面有一种情况是适合你的:

- 你准备好了要进入第二阶段——现在,而且这本书是你的"起航点"。
- 你计划很快进入第二阶段,而且想在到达"起航点"之前,先试一试水。
- 你想要再多玩一会儿第一阶段的游戏,不过在心里,对于周围正在发生的事情的"真相",却有着更高层次的认识。

当你在读完这本书之后等待着要看到故事情节如何展开时,明显的问题是:现在要做什么?你的"大我"打算做什么?你怎么才能知道那个决定是什么?

如果这就是你进入第二阶段的"起航点",那么你会知道的。你将会得到我称为的"打我的头,以免我忘记"的信号。也许你已经得到了这样的信号。你的实际感觉就好像是有人在你的生活中按了一下开关,于是瞬间一切就改变了。你将会看到我讨论过的"奇异"的事情实实在在地出现在你的全息图上。你将体验到不寻常的、强烈的不舒心的感觉,而且你将会很自然地感到一种动力,想要使用工具去钻探云层。也许这对你来说,看起来和感觉起来都不一样,但是,跨入第二阶段时你将会知道。

如果你准备好了要跨入第二阶段,而且想要先试一试水,通过让自己接触到"彻底解脱模型",那么在你创造了这本书之前,事情将好像按照它们惯常的方式运行、变化,但你仍然会感到微妙的转变,一种高层次的期待、兴奋的感觉,还有对周围发生的事情的意识,当你等待到达"起航点"时——就像航天员等待进入火箭仓,飞入太空进行一次令人惊异的旅行。

如果你想要再多玩一会儿第一阶段的游戏,不过在心里,对于周围正在发生的事情的"真相",却有着更高层次的认识,那么,事情对你来说好像停留在和原来一样的状态,但是你将注意到自己看第一阶段的游戏,至少在一定程度上,用的是本书帮你打开的"透视力"。即使你对于在这里发现的(或对于我个人),仍然存有怀疑,或者你感觉自己已经完全拒绝了"彻底解脱模型",你的生活——还有生意——将再不会和以前一样了。你不可能进行了一次这样的旅程,在结束时却没有发生深刻的变化。这完全不可能。你也许会,也许不会清楚地意识到这些书页已经对你产生的影响,但是它们已经产生了深深的影响——以某种方式。

我现在想和你分享可能会令你感到惊喜的事情。在前面几章里,我已经和你讨论了许多知识上的概念和比喻。我们谈论了第一阶段、第二阶段、幻象、无限存有、评判、游戏、云层、太阳、全息图,等等。虽然这些概念和比喻对你来说已经显得有趣、强大,并具有改变的力量,但它们只提供下面五种形式的价值:

1. 开启一条通向第二阶段的通道,这会使彻底摆脱和玩

"新商业游戏"成为可能。

2. 激励你通过那条通道跨入第二阶段——如果该你那么做的时候到了。

3. 提供一个环境,在那个环境中使用钻探工具是有意义的。

4. 激励你使用工具。

5. 在讨论"彻底解脱模型"和第二阶段的游戏时,创造一个共同的语言来使用。

这样来想这个问题吧。假设我受邀请去参加一个电视节目,会就有关"彻底解脱模型"接受采访。假设主持人对我说:"嗨,罗伯特,这件事情的'真相'是什么?"我会告诉他们说:"这一切都是幻象,是你'意识'的一个创造,是假扮为真实的一个故事,是伪装起来的'真正的快乐'。"我将会把他搞糊涂了,还有大多数——如果不是全部——他的观众,对不对?当我进入其他步骤——获得力量,赞赏和感谢作为创造者的自己,还有创造本身这件事——时,我已经把全部的观众,还有主持人搞糊涂了,对不对?他们不知道我说的是什么,而且他们没有一点跨入第二阶段或使用工具的动力。

然而,当你有了准备就绪的"彻底解脱模型"全部的部件时,这些工具和这些部件才有意义,而且如果该你那样做的时候到了,你将会自然而然地感到"跨入第二阶段并使用那些工具"的动力。如果这种情况发生,别的一切就都不重要了!

如果你跨入第二阶段,而且经常使用工具去钻探云层并得到拓展,那么你就可以抛弃我跟你分享过的所有概念和比喻了——如果你愿意,就像一个腿上有伤的人一旦伤愈就最终抛弃了拐杖一样。由于这个原因,你也不需相信、完全理解或完全同意我在这里和你分享的一切。如果你跨入第二阶段,而且组合那些工具,并使用你的钻头,那么其余的一切都会自行解决!

如果你立即或很快就要到达"起航点"的话,那么你就有了工具包。你将会知道何时和怎样使用工具包上的钻探工具。如果你成为第二阶段的游戏玩家,有五个要点需要注意,之前我已经讨论过了,现在要再重复一下。除非你已经拨开许多云层,否则你也许不能完全接受或得到全部五个要点,但是无论如何我要重复这些要点,以便它们被放入我称作的你的"孵化器",像是刚刚放入一样。下面是那五个要点的一个小结,我将随后逐个地讨论它们:

1. 耐心
2. 记住
3. 相信
4. 赞赏和感谢
5. 拓展

耐心

我们讨论过,第二阶段的游戏旅程可以分为两个部分:"拓展部分"和"游戏部分"。在"拓展部分",你使用钻探工具去钻探云层,为的是你能:

- 记住"真正的你"。
- 获得力量。
- 重新确认"真相"——即便当幻象看起来、听起来、尝起来、闻起来以及感觉起来恰恰相反。
- 大大增加赞赏和感谢,向作为你所体验的一切的创造者的你、你的创造以及"人性游戏"的美妙。
- 给自己一次受引导的旅行,看看你是如何在第一阶段那么巧妙地愚弄自己。
- 重新体验"真正的你"的真相,以便你可以待在"人性游戏"的游乐场里,不受限制和束缚地玩"新商业游戏"。

我解释过,钻探云层这件事不可能在一夜之间完成。那些工具的设计目的是让你慢慢使用,要花费你的"大我"想要花费的时间,来给你完全按照你想要的方式玩"人性游戏"提供很好的支持——而且你要像品味好酒、美餐、小说或戏剧一样,品味每一步的拓展。

你的体验和感受也许完全不同,但是如果你像我一样,尽管已经获得了新知识、新觉悟,你却仍然会有许多许多次变得不耐烦，你想要摆脱自己觉得不好的事情，或使其不再那么糟，或者你不顾一切地想要终止游戏，因为你所玩的游戏项目对你来说太难控制了。如果发生那样的情况——我再说一次，这种情况也许你不会遇到，那么对自己好些吧，让自己短暂休息一下吧！要知道有那样的评判和感受，在从第一阶段向第二阶段的过渡期中，是很容易理解的。

使用"流程"工具到你不舒心的感受上去吧。而且任由那不舒心的感觉自行变化吧。最终，不耐烦和不舒心的感觉将会变弱并消散。

记住

尽可能地记住三件事情，尤其是当事情难以进展时。如果你像我一样——我再说一次，也许你会为自己创造不同的东西——记住这三个要点，那将有助于你坚持并继续做第二阶段的工作，即使你在意识中产生想要放弃的念头。

1. 到底在发生什么。你在获得力量、得到拓展，而且在发生极大的改变，即使情况看起来或感觉起来并不总是这样。

2. 有关第二阶段全息图的"真相"。一旦你进入第二阶段，那么你的全息图上的一切或你生意上遇到的任何事情，都不再有意义、不再重要、不再稳定或不再可靠了，它们只是为了支持你使用钻探工具且做第二阶段的工作。

3. 你的最终目的地。不受限制和束缚地玩"人性游戏"

和"新商业游戏"是一个财宝,这个财宝比任何你听到过、读到过、在电影里看到过,或从你目前的视角能够想象的财宝,价值都更高。和第二阶段你会真正体验的情况相比,我刚刚稍微描画的情况,只能是相形见绌。

我同样邀请你记住,你无法在评判一个创造物时——痛恨,讨厌它,或者想要改变,修复和改善它,或者让它消失——与此同时又瓦解和转化它。这两件事无法共存。在你第二阶段旅程伊始,当你被引领到"能量场"里进行转化工作时,你会有非常多的评判。然而,随着你不断继续第二阶段的工作并不断洋溢,你会看到,评判将自然而然地脱落。

重点:

在第二阶段,你必须拓展到这个程度,即在改变一个幻象的大门为你敞开之前,你能按其本来的样子,完全赞赏和感谢那个幻象。

记住,第二阶段跟逻辑、知识、思考或试图弄明白事情真相无关,而是跟感受和对"真相"的直接体验有关。

我也请你记住,当你深入第二阶段时,我在这本书里和你分享的一切事情,甚至那些你确信自己已经完全理解和得到(或绝对不同意)的事情,将会对你越来越真实,而且你对那些事情的理解和把握会以你现在所无法想象的方式得到加深。请期待那些得到自我拓展后欣喜地喊出"啊哈"的时刻吧。记住,要细细品味每一个时刻。

我也请你记住,在你拨开云层、得到拓展以后,你现在花费大量心思想要达到的"幻想的目标"也许还会在,也许将不复存在了。成为第二阶段焦点的是"真正的目标"——你真正想要实现的目标。如果你的旅程像我的一样,那么看着它不断展开,将是件让我们感到迷人至极的事情。

最后,我请你记住,如果对我在这本书里和你分享的任何事情(或对我本人)你仍存有怀疑,但承诺要玩第二阶段游戏的话,那么你的"大我"将会给你提供这一切都是真实(还有我所说的是合理的)的证据,通过你创造并出现在你的全息图上的体验和感受。我可以绝对保证这一点。

相信

你能很快做到"相信"。而且当你拨开云层、得到拓展时,你就能做到"相信"。我请你放下那些你想要操控全息图的幻想,放下第一阶段需要预先设定目标的且要费好大的劲去促使事情的发生或使事情得到解决的那个把戏,放下目标、预定的目的,以及为得到特定结果而进行的投资。

相信你的"大我",并且只跟随他的引领。放松进入第二阶段的游戏,而且让"大我"带你到那个财宝那里去。当你做不到完全相信或放下时,让自己短暂休息一下,而且认识到这是又一次使用"流程"工具的机会,因为不信任和勉强坚持下去只是其他形式的不舒心。

赞赏和感谢

当第二阶段的游戏慢慢展开时,你就会被带到"能量场"中的模式,瓦解和转化那些模式以后,你的故事情节结构也会随之改变。尽力去(而且你能做到的最大极限也会得到拓展)赞赏和感谢这其中的一切美妙吧——包括作为你所体验到的一切事物的创造者的你、你的创造、整个的"人性游戏""商业游戏",以及你在第二阶段所体验到的洋溢的美妙和壮观。

当你的智慧、力量以及丰盛得到拓展时,赞赏和感谢每一刻的心灵开启和自我拓展吧。随着越来越多的事物在你的全息图里成为可能,赞赏和感谢那些不断拓展着的可能实现的事情吧。

当你体验到不舒心的感受时,尽力去(而且你能做到的最大限度也会得到拓展)赞赏和感谢它所带来的巨大礼物(这和在第一阶段里它带来的痛苦正好相反),还有它给你的拨开云层、得到拓展的美好机会吧。如果事情似乎难以进展,而且你感到煎熬、疲惫或无能为力,赞赏和感谢你卓越地欺骗工作吧,因为你本来不可能有那样的感受——只有创造一个如此感受的幻象,并且自己相信那个幻象是真实的才能做到。

当你看到——也体验到——越来越多"真正的你"的"真相"以及什么是你真正的本然状态,尽力去(而且你能做到的最大限度也会得到拓展)赞赏和感谢作为游戏玩家的你和你的"大我"("真正的你"),因为你很好地支持了自己在第一阶段和第二阶段玩"人性游戏"。

当你转移到响应模式的生活状态时,活在生意以及私人生活的每一个当下里,做你感到有动力或有灵感的事情(在你感到不舒服而使用"流程"工具之前和之后),赞赏和感谢第二阶段游戏的简单,以及当游戏得以简化时你的体验最终会变得多么令人高兴和放松。在第二阶段,你只有四种工具使用,而且那"做什么"和"怎样做"的方法是非常简单易行的——不像你在第一阶段里的体验。

当你穿越"彻底解脱点"时,敞开心扉迎接你自然状态下的丰盛,而且最终开始不受限制和束缚地玩"人性游戏"和"新商业游戏"时,赞赏和感谢那个成就的伟大,而且为你敞开心扉得到的欢乐和创造的狂喜而陶醉吧。

当你体验到了所有这一切,而且远远超出我为你描画的情景,如果你想要感谢我或感谢我写了这本书,支持你玩第二阶段的游戏,那么把我算在里面也好,但不要把我放在第一位,我总是排在第二位。

记住,如果意识到了任何事物,那么是你创造它,从宏观直到最为微小的细节——包括我和这本书。如果你确实觉得自己赞赏和感谢我或这本书，请把你自己放在第一位，赞赏和感谢你自己（还有你的"大我"），然后把我算在里面，如果你还是感到某种力量驱使你去那么做的话。你创造了我和这本书的幻象，因为你认定那将会是使你想起"真相"的最有趣的方式。我们一起走过的游戏旅程和难以控制的骑乘游戏并不是跟我有关，而是跟你有关。我并没有为你做过任何事情，事情是你自己做的！

拓展

如果你吞下红药丸，跨入第二阶段，而且使用钻探工具去拨开云层、进行拓展的话，那么你一定会彻底摆脱以前的"商业游戏"，开始"呼吸"你的无限丰盛，并开始玩"新商业游戏"。

然而，你的"人性游戏"体验里发生的转变，不会随着你生意的拓展和金钱的增多而停下来，而是像自然变化的事情一样超然。我在上一章解释过，第二阶段里你得到的拓展会伸入你全息图的每个角落。我建议过，通过做第二阶段的工作，你也会看到自我拓展的可能，还有在你生活的各个领域创造出非凡体验的可能。你也会给自己机会，去在那些跟你的生意没有关系的模式和云层的其他部分上使用钻探工具。

现在你已经做好了准备，要开始在"人性游戏"和"商业游戏"中能够体验到的最终极的冒险。你即将开始一次寻宝之旅,那个宝贝的价值比黄金更高,比珠宝更高,比所有深埋于地下的石油更高,比你的全息图上的银行里面存着的数十亿美元的存款更高。

你已处在这样的边缘了:敞开心扉接纳各种超乎想象的力量源泉,接纳超乎想象的"真正的快乐",接纳超乎想象的宁静,接纳超乎想象的成就感,接纳超乎想象的丰盛,接纳超乎想象的创造的狂喜吧。

这里有一个关于你的"孵化器"的趣闻。一旦你穿越云层,你就将直接体验和感受"真相"了,于是:

• 在整个第一阶段,对于作为游戏玩家的你而言,无论游戏是什么样子或什么感觉,无论你有多不舒心,也不管你经历过什么样的挣扎(就像你看到的那样),但你的"大我"(也就是你)玩"人性游戏"和"商业游戏"一直都玩得非常开心。

• 在整个第二阶段,对于作为游戏玩家的你而言,无论游戏是什么样子或什么感觉,无论使用钻探工具使你有多不舒心,也不管你感觉自己在自我拓展的道路上经历过什么挣扎,但你的"大我"(也就是你)玩"人性游戏"和"商业游戏"一直都玩得非常开心。

为了把这一点说清楚,我们回想一下好莱坞电影制片创作团队的经历。如果你正坐在一家影院里观看一部恐怖片、悲剧或节奏紧张的戏剧,其中的人物角色似乎遇到了不好的事情,那么你会评判那些经历,心想:"哦,那真糟糕!"但是，在看到最终上映的电影时，创作团队的感受是什么呢？快乐、庆祝、赞赏和感谢，还有满足感，对不对？总之，在录制电影时，他们在扮演自己的角色时非常享受！

举个例子，当你在屏幕上看到一个人物角色被刺，而且在流血，你想："哦，这太可怕了。"而好莱坞创作这个幻象的电影特效行家则在想："是的！看，受伤和流血的场景看上去多么真实。我真的搞定那个特效了！"当你看到一个人物角色，似乎在受着感情上或身体上的痛苦，那个扮演这一角色的演员在看电影时会想："多么真实的表演！演得真好！"对于你和你的"纯体验式观影"体验来说，情况也一样。不管你在全息图里看到或体验到什么，你的"大我"都非常享受，而且说："哇！我真的实现那个幻象了。太酷了！真有趣！"我在前面几章里说过，当你在第二阶段使用钻探工具自我拓展时，你就会觉得自己越来越像好莱坞的创作团队了——不管你创造了什么样的幻象并沉浸其中。

现在你需要的所有事物都在你手上，任由你处理了。这些事物是：吞下红药丸，开启进入第二阶段的通道，跨入第二阶段，开始钻探云层，拓展到对于"真正的你"和你的真正能力的"真相"的直接体验当中。如果还有你想要的事物，来支持你走过第二阶段的旅程（不管是人、地方还是事物），那么你的"大我"就会用银盘子盛好递给你。你不会需要亲自去寻找或努力去发现。

对你来说，真正的旅程才刚开始，像本书所讲述的那样不可思议。当你准备合上书，想要再看看你的故事情节里还有什么时，你要知道，我希望你拥有的是，不断拓展对"真相"——力量、智慧、丰盛以及有你自然状态下的"真正的快乐"——的体验和感受，而且现在这些都在你的绝对把握之中。

现在，在我们分离之前，我给你最后一个评论。这本书最初的草稿包含了附加的三章。应出版社的请求，在最后成书时，把那三章删掉了。一章包含了对于你进入第二阶段时视角如何发生变化的高层次的讨论；另一章包含了第二阶段的游戏玩家经常问到的问题以及我的回答；剩下的一章包含了我自己第二阶段的游戏旅程当中，以及别的游戏玩家在他们的第二阶段的游戏旅程当中详细的故事和事例。我觉得你会认为这三章的内容对你有帮助，所以我把那些内容上传到了网上，你可以访问这个网页下载来读：www.bustingloose.com/chapters.html。

---

① 艾维·贝克·普里斯特语，《七嘴八舌》，美国芝加哥：拉根通信出版社，2004年10月版。
② 布鲁斯·巴顿语，《七嘴八舌》书，美国芝加哥：拉根通信出版社，2005年4月版。

附录　附加的支持资源

在本附录里面，我想和你分享能支持你玩第二阶段的游戏的附加资源。我把这些资源分成了十组：

1. 要点
2. 电影和电视连续剧
3. 第二阶段游戏玩家社区
4. 书籍
5. 家庭转变系统
6. 现场活动
7. 邮件目录
8. 推特（Twitter）
9. 脸书（Facebook）
10. 人、资源以及工具

要点

这本书从头至尾，我突出了我称为的要点。这些要点作为一个单列部分，代表了彻底解脱模型的核心基础所在。如果你想得到一个包含所有那些要点的单子，以便你可以整体参考、打印出来，并且制作钱夹子大小的记忆卡片，把它们放到你的空间里以提醒你"真相"，或不管怎样使用，只要能支持你走好你的游戏旅程，请参考网页：www.bustingloose.com/keypoints2.html。

电影和电视连续剧

我发现在整合新思想，尤其是比较激进的一些思想时，会有一些形象化的或感情化的事例。这些事例是有关新的思想和生活方式看起来怎样、感觉起来怎样——或为了把要点以有力的方式说清楚——的事例。那就是为什么我推荐许多不同的影片和电视连续剧给第二阶段的游戏玩家的原因。这个单子一直在扩大。你要是想下载最新的单子，请参考网页：www.bustingloose.com/movies.html。

第二阶段游戏玩家社区

共有四个第二阶段游戏玩家社区，如果你成为第二阶段游戏玩家的话，你可能会感兴趣。

1. 名叫"彻底摧毁盒子"的博客。我创建"盒子博客"是来分享多媒体意识流、思想、感受、体验，以及跟在第二阶段玩"人性游戏"和"新商业游戏"有关的资源，也为了邀请游戏玩家来评论那些思想，请参考网页：www.bustingloose.com/dynamitethebox.html。

2. "真正的快乐的体验"博客。我创建这个博客是为了分享多媒体意识流、思想、感情、体验，以及跟开启心灵进入并生活在真正快乐的状态，也就是第二阶段拓展的终极目的有关的资源，请参考网页：www.bustingloose.com/truejoyexpeirence.html。

3. 第二阶段游戏玩家的官方社区。这是一个中心场所，第二阶段游戏玩家可以在那里见面，互相交流，分享第二阶段的故事，在许多方面互相帮助，在玩第二阶段的游戏（现场的，还有通过音频、视频、录像以及文字材料）时得到我的直接支持，还有更多。根据第二阶段游戏玩家所提供的反馈和请求，这个社区一直在扩大和变化着，请参考网页：www.phase2players.com。

4. 意识商学院。我创建这一教育资源是为了提供一个平台，以便"新商业游戏"玩家以及那些想要达到玩"新商业游戏"境界的人们可以聚会、互相交流、分享故事，并在许多方面互相帮助，还有就是，在玩第二阶段的游戏（现场的，还有通过音频、视频、录像以及文字材料）时得到我的直接支持，请参考网页：www.business-school-of-consciousness.com。

书籍

强烈建议第二阶段的游戏玩家阅读下面的书籍。我已经把那些书和亚马逊网（Amazon.com）做了链接，我希望这些链接在你读到的时候依然有效。如果失效的话，那你去亚马逊网上或你最喜欢的书店里找吧。

《疗愈场》 琳内·麦克塔格特著

这本书概括了有关"能量场"的最新研究，包括能量是什么，如何运行能量以及相关科学研究。这是一本专业书籍，对某些人来说比较艰涩难懂，不过如果你想对本书提及的科学根据有更多的了解，这本书是相当宝贵的资源。

请参考网址：www.bustingloose.com/field.

《全息的宇宙》 迈克尔·塔尔伯特著

这本书既易懂又有趣，书中深入讨论了全息图这个比喻的细节。其中最重要的部分是，我们称为"现实"的全息的方面，以及非真实方面的相关故事与实例。我强烈建议你马上买一本看。

请参考网址：www.bustingloose.com/talbot.

《星际迷航记：未来一代》

我最喜欢的电视连续剧之一，就是《星际迷航记：未来一代》。这部连续剧中有一个名叫 Q 的人物，他来自一个更高级的物种，这个物种无所不能。虽然他比"无限存有"实际上更为调皮淘气，或不走正道，但是看到许多力量在运行，对于第二阶段的玩家来说，还是很有帮助的。你可以买到许多以 Q 为主角的《星际迷航记》系列图书。到你最喜欢的书店去找，或查一下这里的书单，请参考亚马逊网的这个网址（我希望这个链接能够管用）：www.bustingloose.com/qb。

《从摇篮到摇篮》 威廉·麦克多诺著

我说过有能力不受限制和束缚地玩"人性游戏"和"新商业游戏"，并且创造出别人以前从未想到过的游戏。威廉·麦克多诺是一个令人惊异的人，他也是我的朋友。他不是在有意识地玩第二阶段的游戏（在当时），但他是创造别人以前从未想过的游戏来玩的一个极好的例子。这本书概括了许多涉及他且跟废物循环利用和绿色建筑运动有关的项目，这些项目可能对你具有帮助和激励作用。本书开始部分巧妙地说明了玩第一阶段受到的限制，而在其余部分描述了威廉所创的游戏。甚至印刷这本书的纸张，也代表了一个从未设想过的游戏！请参考网址：www.bustingloose.com/cradle。

家庭转变系统

图书诚然了不起，但还有很多可以利用多媒体现场来做的事情。也许你对开发下面一个或多个多媒体体系有兴趣，这些体系是从我的现场活动中挑选出来并加以改进，供你在自己家里的私人空间里感受和体验的。也许你想要介绍给某个你认识的人，或喜欢下面一个或多个体系：

彻底摆脱金钱游戏：www.busting-loose-from-the-money-game.com

彻底摆脱情绪游戏：www.masteryofemotions.com

通向真正的快乐之路：www.pathtotruejoy.com

走向无限之旅：www.journeytotheinfinite.com

其他家庭转变系统也许会不时地发布出来。要留在这个系统中，请参考网址：www.bustingloose.com/resources.html。

顺便说一下，我提到过，我在第二阶段玩"新商业游戏"时的市场运作非常不同——我如何只是给我心里想要分享的项目创造出了多媒体的请柬。上面所列的网址将会给你那方面的例子，我称其为我的"T.O.T. 模型"。

现场活动

也许你也有兴趣参加或介绍某人到我所主导的多媒体现场活动中来，以便支持并补充你从这本书中所收获的知识和见解。想要获得这些活动的细节和时间表（我做的并不多），还有其他时不时在世界范围内宣告的活动的情况，请参考网址：www.robertscheinfield.com/cms/events。

邮件目录

如果你想加入第二阶段游戏玩家的邮件目录或我的总邮件单,与我保持联系,接收我影响范围之下的电子邮件通知,请参考网址:www.robertscheinfield.com/cms/email-list-signup.

推特

如果你感受到触动,那么在推特上关注我,而且在你个人的和生意的世界里玩第二阶段的游戏时,接收许多非常具有帮助作用的留言,请参考网址:www.twitter.com/phase2player.

脸书

我创造了一个第二阶段玩家的脸书网页,在那里我们可以聚会、社交、联系、建立联络网,而且相互支持。你可以找到那个网页,请参考网址:www.rasdl.com/fbf.

人、资源以及工具

我使用本书所提供的工具去玩第二阶段的游戏。然而,在我自己打理生活且玩"新商业游戏"的情况下,为了使情况更有趣味,我创造了支持我的事物,通过和我自己其他的某些面向建立联络网,还有通过使用许多工具——硬件、软件、互联网以及更多的工具。对许多跟我有关系的人、资源以及工具而言,而且也对于那些在这本书的发行上给我提供了巨大支持的人们,请参考网址:www.bustingloose.com/resources-and-tools.html.

致谢

"人性游戏"和"商业游戏"都是团体运动。游戏到了最后阶段，你只是在各种伪装之下玩着游戏，但它呈现出来的是，你创造了你"意识"的其他方面来配合你玩游戏。

顺着那个思路，我创造了自己的许多面向来支持我创造出这本书的幻象，而且我想在这里表达我对自己那些方面的感谢。我的感谢纯粹是意识流式的，并不是哪个在先就说明哪个更重要。

这本书里的漂亮而精巧的示意图是由我的图形设计师朋友、诺瓦克创意服务公司（www.novakcreative.net）的戴尔·诺瓦克设计的。戴尔，非常感谢你和你所做的工作。我喜欢自己看到那些示意图时的感觉，那时我就会再次想起我们在这个项目上曾有过合作！

布赖恩·贝沃特是第三次与我合作，主要是在本书的早期编辑和给出版社准备底稿的技术方面，与他的合作使本书的出版容易了许多，对此我很感谢。我也要像老话说的那样，向布赖恩脱帽致敬。我非常感谢你和你所做的贡献。

在故事情节里,如果没有理查德·纳朗莫尔对我和我的著书工作保持了始终如一的兴趣和支持,这本书就不会出现在我的全息图上。我写的内容先要经理查德·纳朗莫尔过目,他是我的编辑,在约翰·威利父子出版公司工作。理查德,对你及我写这本书时你给予的持续支持,我表示不一般的感谢!

在走向"彻底摆脱"的旅程中,我得到的最早拼图,来自我的祖父阿龙·沙因费尔德。在故事情节里,他没有活着看到哪怕一个场景的表演,而我本来是要在表演中对他以及他给我的亲自支持表达感谢的。因此,我现在要做这件事:爷爷,是您让我开始了一次最令人难以置信的旅程,我对您以及这次旅程的感谢,是无法用语言描述的。

我还创造一条名叫佩里的狗狗,我称作"灵魂犬",来支持我的旅程。她是一条美国的爱斯基摩犬。在我写这本书,准备齐全第二阶段所有材料的过程中,也就是在过去的14年时间里,她一直留在我身边,充当我的"副驾驶员"。在我自己的"人性游戏"经历当中,是我创造了佩里,并使她成为亮光,并且绝好地体现了什么是"真正的快乐"以及无条件的爱、奉献和忠诚(这些是实现"真正的快乐"之后才有的表现)。在写这本书的时候,我创造了她经过所谓"年老"和"死亡"这一过程的幻象,离开我的全息图舞台。佩里,你发出的亮光，你做出的榜样，还有你所体现的"真正的快乐"，对我有着莫大的意义，以任何方式都无法表达，你支持我度过了许多艰难时光，在第一阶段里有，第二阶段里也有。

我要对约翰·阿萨拉夫表示感谢，他为这本书写了《前言》。在故事情节里，他的这种支持是需要勇气，需要有友谊和承诺，来分享我很少体验和感受到的"真相"，这个"真相"直到开始玩第二阶段游戏时，我才体验到。干杯，约翰！

我不会处在今天这样的第二阶段游戏玩家的状态，如果没有我创造的伪装成阿诺德·帕滕特的人所提供的支持的话，尤其是在我玩第二阶段的游戏时两次不同的场合，当我创造真正挣扎的幻象时。任何人都能充分感受我对此的感谢，你也一样，阿诺德，但在这里，无论如何，我想用言语表达我的感谢。

当我在第一阶段，处在最为神经质、最为不愉快（就用几个评判的术语来说吧）的状态时，那时限制和束缚我的云层最厚，我有了这样一个想法，即我不想结婚或做父亲了。那时，我觉得我会在这两件事情上都输得很惨，而且我也不想把那种痛苦加在别人身上。尽管那样，当我想象我和我的妻子塞西莉（我叫她"美人"）见面的情景时，我就感到自己想要娶她，我后来真这样做了。婚后我仍然不想要孩子，但我知道塞西莉想要，于是无论如何我也在努力想要孩子。那时我仍觉得自己将会是一个糟糕的父亲！但后来我们俩共同创造出了两个不一般的孩子——阿里和艾丹。随着一天天过去，我对他们的感谢，还有对我以前从未想到自己会有的家庭的感谢，在增长着，而且就在我认为这种感谢不会再增多时，它却增多了！在玩第二阶段的游戏时，家人给了我巨大的支持，并且贡献了我在这本书里和你分享的发现，他们还促成了玩"人性游戏"和"新商业游戏"时我所实现的巨大转变。

我想向你们表达感谢，这本书的读者们，还有我的其他著作的读者们，我的现场活动的在场者，第二阶段游戏玩家社区的成员们，我的多媒体家庭转变系统的买家们，留言建议的听从者，第二阶段玩家脸书的"粉丝"们，还有所有其他被我创造、支持我玩第二阶段的"著书游戏"和"教学游戏"的人们。如果没有你们，我就玩不了自己如此喜爱的游戏，而且我对你们的感谢，同样远远是语言无法表达的（但我无论如何在努力）！

最后但同样重要的是，我也必须再次表达最大的感谢给我的导师"B.W."，（"导师"这个词其实不合适，但没有哪个词能表达他在我的游戏旅程上扮演的角色和给我的支持）他不愿透露真实姓名，所以现在他在幕后。

译后记

往里走,找到"真正的你"

曾几何时,我们的目光被各类励志书籍所吸引。诸如成功之道、人生设计、职业规划之类的图书,教人们大胆设想未来的种种可能性。但是,这类书却忽略了一个根本的前提,即凡事皆有代价。不计成本、不顾一切地追求成功、追求财富,人就很容易陷入无休止的追逐当中,不能自拔。事实上,今天的人们好像身处一个飞快旋转的陀螺上,不由自主地被带着跑,不知道目的地在哪里。好多人在为理想而"燃烧",好多人相信"如果你认为自己能行,你就能行",还有好多人认为"没有最好,只有更好",于是,人们被各种目标、欲望牵着鼻子走,媒体上诸如"自我加压、奋力赶超、跨越发展、率先崛起""人一之、我十之""挑战极限,追求卓越"的宣传使无数人处于身心疲惫的状态之中。可见,人们更需要的,恐怕还是心灵的修养。

这本书是在一个合适的时候进入我的视野的。作者罗伯特·沙因费尔德先生本身积累了不少财富,当然也为此付出了巨大代价,但他能最终彻底摆脱"商业游戏",并教人们为自己的心灵松绑,走出受限制、受束缚的思想状态,找回自己本然状态下的无限力量、智慧和丰盛。每一位读者读过本书以后,都该重新审视自己的观念了。我们不仅需要财富人生,更需要丰盛的智慧人生。而追求智慧人生,需要我们努力拓展心灵、修养心灵,走出"小我",走进"大我",树立正确观念,学会减缓压力、舒缓紧张情绪、平衡心理,追求身心和谐。这也是这本书给我的启发。我在身心煎熬的状况下,有幸读到这么一本好书并把它译出来,就仿佛穿越幽暗的丛林,来到光明、坦荡的大道,眼界开阔了,心地也跟着光明、坦荡了。感谢沙因费尔德先生用他的睿智照亮了我幽暗的心灵。也感谢我的老师曹进教授把这本智慧书、修行书介绍给我。

诚如本书作者所说,人人都是"人性游戏"的玩家,而"商业游戏"是包括在"人性游戏"里面的。说白了就是,我们每个人都要生活、都要商业。但是人们对于生活和金钱的观念却会有很大的不同,因而人们的游戏方式也有很多的不同。

有人以付出健康、失去亲情、行不义之事为代价积累了财富。有的地方以破坏环境为代价实现了经济的发展。有的人捐出一生积累的财富,有的人却为富不仁,做了金钱的奴隶。所以,我们需要摆脱"商业游戏"的力量和智慧。诚然,励志很重要，但谁能否认，我们的心灵也需要时时修养、修炼呢？

  本书作者的观点和许多哲人、宗教家的观点若合符契。这本书里在说明"财富的目标永无止境"时举了"狗追机械兔子，却怎么也追不上"的游戏为例，很生动，很容易使人想起"驴吃萝卜"的故事：在驴的前头悬一个萝卜，驴要想吃到萝卜，就得往前走，往前走却又吃不到，于是就一直往前走。你看，这两个故事是不是异曲同工呢？另外，第一阶段游戏玩家所经历的受限制的思想状态，正好印证了一句禅语"大梦场中谁觉我，千峰顶上视迷徒"。是啊，迷而悟者，舍而得者，才是作者和我们所期许的。耶稣说："人若赚得全世界，却赔上自己的生命，有什么益处呢？"(《马太福音》16章26节) 孟子也说过类似的意思："万钟则不辨礼义而受之，万钟于我何加也？"(《孟子·告子上》) 译者也曾见过公路边警示货运车辆驾驶员的标语：要钱不要命，要钱有何用？是啊，在"人性游戏"和"商业游戏"中，我们应该追求的，除了金钱，还有健康、爱和奉献，等等。

  我们要追求合目的性、合道德性、合规律性的"人性游戏"和"商业游戏"，内有身心和谐，外有人际和谐，那样我们就有望达到本书作者所说的第二阶段心灵释放的状态，到那时，我们将不再困顿于过去的记忆和对未来的焦虑，而是找到了开启心灵世界的钥匙，塑造了全新的自己，打造了良好的心态，时时修养自己的心灵，掌握了快乐的要诀。到那时，我们一定是理顺了义与利、身与心、自我与他人、当前和长远的种种关系，因此最终一定能够获得"真正的快乐"，享受丰盛的人生。

在翻译本书的过程中，承蒙许多人的指导、勉励和帮助，付梓之际我谨向他们致以由衷的谢意。曹进教授不仅指引我查阅适用的工具书，还教给我文档编辑的方法，并在承担繁重的教学、科研和管理任务的情况下，允诺我可以就翻译中遇到的问题随时向他请教。靳琰教授多次打电话问询翻译进度、是否需要帮助，并叮嘱我认真翻译、确保译文质量。俞婷教授帮忙审阅了部分译文，指出并修正了译文中文体不一致之处。电子工程硕士田野老师帮忙审阅了译文中关于量子物理学的表述，并纠正了不规范之处。王艳红、刘燕、成慧年、雷婷文、白忠睿、赵秀秀、侯元军等同学放弃假期，帮忙找出了译稿中的标点、格式、语意不通以及指代不明等方面的错误。若没有上述人们的贡献，本人的翻译一定不会如此顺利。真的非常感谢他们。

作者简介

[美]罗伯特·沙因费尔德(Robert Scheinfeld)

二十多年来,沙因费尔德在一百九十多个国家,帮助许多人以更少的时间和努力享受更多乐趣的同时,创造出惊人的成果。他乐于帮助他人从自我限制中解脱出来,并活出充满力量的自我。

图书在版编目（CIP）数据

你值得过更好的生活 . 2 /（美）罗伯特·沙因费尔德著；李彦译 . -- 北京：中国青年出版社，2020.3（2024.9 重印）

书名原文：Busting Loose from the Business Game
ISBN 978-7-5153-5958-8

Ⅰ.①你… Ⅱ.①罗…②李… Ⅲ.①人生哲学－通俗读物 Ⅳ.① B821-49

中国版本图书馆 CIP 数据核字（2020）第 035393 号

著作权合同登记号：01-2017-1812
Busting Loose From the Business Game:Mind-blowing Strategies for Recreating Yourself, Your Team, Your Customers, Your Business, and Everything in Between
Copyright © 2009 by Robert Scheinfeld.
All Rights Reserved
中文简体字版权由 John Wiley & Sons 授权 © 中国青年出版社 2017

版权所有，翻印必究

你值得过更好的生活 2

作　　者：	[美] 罗伯特·沙因费尔德
译　　者：	李彦
责任编辑：	吕娜
插图作者：	stano
书籍设计：	瞿中华
出版发行：	中国青年出版社
社　　址：	北京市东城区东四十二条 21 号
网　　址：	www.cyp.com.cn
经　　销：	新华书店
印　　刷：	三河市万龙印装有限公司
规　　格：	787mm×1092mm　1/32
印　　张：	11
字　　数：	300 千字
版　　次：	2020 年 5 月北京第 1 版
印　　次：	2024 年 9 月河北第 7 次印刷
定　　价：	69.00 元

如有印装质量问题，请凭购书发票与质检部联系调换
联系电话：010—57350337